Klassische Texte der Wissenschaft

Herausgeber
Prof. Dr. Dr. Olaf Breidbach
Prof. Dr. Jürgen Jost

Die Reihe bietet zentrale Publikationen der Wissenschaftsentwicklung der Mathematik und Naturwissenschaften in sorgfältig editierten, detailliert kommentierten und kompetent interpretierten Neuausgaben. In informativer und leicht lesbarer Form erschließen die von renommierten WissenschaftlerInnen stammenden Kommentare den historischen und wissenschaftlichen Hintergrund der Werke und schaffen so eine verlässliche Grundlage für Seminare an Universitäten und Schulen wie auch zu einer ersten Orientierung für am Thema Interessierte.

Arnold Sommerfeld

Die Bohr-Sommerfeldsche Atomtheorie

Sommerfelds Erweiterung
des Bohrschen Atommodells 1915/16

kommentiert von Michael Eckert

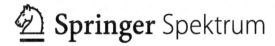 Springer Spektrum

Arnold Sommerfeld (1868–1951)

ISBN 978-3-642-35114-3   ISBN 978-3-642-35115-0 (eBook)
DOI 10.1007/978-3-642-35115-0

Die Deutsche Nationalbibliothek verzeichnet diese Publikation in der Deutschen Nationalbibliografie; detaillierte bibliografische Daten sind im Internet über http://dnb.d-nb.de abrufbar.

Springer Spektrum
© Springer-Verlag Berlin Heidelberg 2013
Springer Spektrum ist eine Marke von Springer DE. Springer DE ist Teil der Fachverlagsgruppe Springer Science+Business Media.
www.springer-spektrum.de

*Ihr Brief hat mich sehr gefreut, Ihre
Mitteilung über die Theorie der
Spektrallinien entzückt. Eine Offenbarung!*

[Einstein an Sommerfeld, 8. Februar 1916]

Vorwort

Auch im 21. Jahrhundert ist in Physiklehrbüchern noch vom „Bohrschen" und dem „Bohr-Sommerfeldschen Atommodell" die Rede. Sogar in der aktuellen Forschung finden sich noch Anklänge daran, wenn in der „Semiklassik" modifizierte Bohr-Sommerfeldsche Quantenbedingungen eine Wiedergeburt erleben und beim „Quantenchaos" daran angeknüpft wird. Die mit Sommerfelds Namen verbundenen Gesetze und Formeln („Bohr-Sommerfeld-Quantisierung", „Sommerfeldsche Feinstrukturkonstante") wurden der Bohrschen Theorie jedoch nicht einfach hinzugefügt. Ihre Entstehung erschließt sich auch nicht allein aus den einschlägigen Publikationen in der physikalischen Fachliteratur, sondern erst beim weiteren Studium der in Archiven und Nachlässen aufgespürten Quellen, aus denen auch die persönlichen Lebensumstände und das gesellschaftliche Umfeld hervorgehen. Sommerfelds Arbeit an der Bohrschen Theorie begann im Ersten Weltkrieg. In den Fachaufsätzen ist von diesen Zeitumständen nur in einer Nebenbemerkung die Rede, wenn Sommerfeld einen „Feldpostbrief" seines Assistenten als Quelle für die Ableitung einer Formel zitiert. Erst unter Einbeziehen solcher Briefwechsel wird die Erweiterung von der Bohrschen zur Bohr-Sommerfeldsche Atomtheorie verständlich.

Diese Rekonstruktion wäre ohne das im Sommerfeld-Nachlass aufgefundene Quellenmaterial nicht möglich gewesen. Daher gebührt der erste Dank den Nachfahren Sommerfelds, die diesen wissenschaftshistorisch überaus wertvollen Bestand an Briefen, Manuskripten und Bildern der physikhistorischen Forschung zugänglich gemacht haben. Ferner sei den zahlreichen Kollegen gedankt, die seit einem halben Jahrhundert durch intensive Quellenforschung zur Geschichte der Quantenphysik die Physikgeschichte insgesamt zu einer respektablen wissenschaftshistorischen Teildisziplin gemacht haben. Ihre Namen finden sich im Quellen- und Literaturverzeichnis. Last, but not least, richtet sich mein Dank an die Kollegen im Forschungsinstitut des Deutschen Museums und an die Deutsche Forschungsgemeinschaft, deren Förderung die Bearbeitung des Sommerfeldschen Nachlasses ermöglicht hat.

München, Dezember 2012 *Michael Eckert*

Inhaltsverzeichnis

Abkürzungen

A1   Arnold Sommerfeld: Zur Theorie der Balmerschen Serie. In: Sitzungsberichte der mathematisch-physikalischen Klasse der K.B. Akademie der Wissenschaften zu München, 1915, S. 425–458

A2   Arnold Sommerfeld: Die Feinstruktur der Wasserstoff- und der Wasserstoff-ähnlichen Linien. In: Sitzungsberichte der mathematisch-physikalischen Klasse der K.B. Akademie der Wissenschaften zu München, 1915, S. 459–500

AHQP   Archive for the History of Quantum Physics

ASGS   Arnold Sommerfeld. Gesammelte Schriften. 4 Bände. Herausgegeben im Auftrag und mit Unterstützung der Bayerischen Akademie der Wissenschaften von Prof. F. Sauter. Braunschweig: Vieweg, 1968

ASWB   Arnold Sommerfeld. Wissenschaftlicher Briefwechsel. Band I: 1892–1918; Band II: 1919–1951. Herausgegeben von Michael Eckert und Karl Märker. München, Berlin, Diepholz: Deutsches Museum und GNT-Verlag, 2000 und 2004

DMA   Deutsches Museum, Archiv. München

ESPC   École supérieure de physique et de chimie industrielles de la ville de Paris, Centre de ressources historiques, Paris

NBCW   Niels Bohr Collected Works. 12 Bände. North-Holland Publishing Company: Amsterdam, New York, Oxford, 1972–2006

RANH   Rijksarchief in Noord-Holland, Haarlem

SUB   Staats- und Universitätsbibliothek, Göttingen

UAM   Universitätsarchiv, München

Teil I
Historische Annäherung

Das im Jahr 1913 entstandene Bohrsche Atommodell zählt zu den Marksteinen der Physikgeschichte des 20. Jahrhunderts. Es war Teil einer als „Trilogie" bezeichneten Serie von drei Veröffentlichungen im *Philosophical Magazine*. Nur im ersten Teil geht es darin um das, was heute mit dem Begriff des Bohrschen Atommodells assoziert wird: die Bewegung eines Elektrons auf diskreten Kreisbahnen um den Atomkern und die Erklärung der Spektrallinien als Folge von „Elektronensprüngen" zwischen diesen Bahnen. Die beiden anderen Teile der Bohrschen Trilogie waren dem Aufbau von Atomen mit mehreren Elektronen und Molekülen gewidmet. Bohrs Arbeiten wurden in seinen *Collected Works* wieder abgedruckt und mit historischen Kommentaren versehen.[1]

Den nächsten Markstein auf dem Weg zur modernen Atom- und Quantentheorie bildete die Sommerfeldsche Erweiterung des Bohrschen Atommodells: Wo das Bohrsche Modell nur Kreisbahnen um den Atomkern vorsah, wurden im Sommerfeldschen Modell auch elliptische Bahnen berücksichtigt, auf denen das Elektron dem Atomkern sehr nahe kommen und so auf hohe Geschwindigkeiten beschleunigt werden konnte. In dieser Erweiterung wurde die Elektronenbewegung nach der Relativitätstheorie berechnet. Das Ergebnis war eine gegenüber dem Bohrschen Modell sehr viel größere Anzahl von möglichen Elektronenbahnen – und damit auch eine größere Anzahl von Elektronenübergängen, was zu einer „Feinstrukur" der Atomspektren führte. Sommerfelds Erweiterung wird meist mit seiner Publikation „Zur Quantentheorie der Spektrallinien" [Sommerfeld, 1916a] aus dem Jahr 1916 identifiziert. Auch in Sommerfelds *Gesammelten Schriften* erscheint diese Veröffentlichung als Auftakt für die Erweiterung des Bohrschen Atommodells.[2] Wie Sommerfeld dem Herausgeber der *Annalen der Physik* einige Monate vor Einreichung dieser Arbeit schrieb, sollte es sich dabei um die Darstellung seiner Theorie „in geläuterter Form" handeln.[3] Die Grundzüge der Theorie hatte er schon am 6. Dezember 1915 und am 8. Januar 1916 der Bayerischen Akademie der Wissenschaften präsentiert, die sie in dem Band mit den Sitzungsberichten der Mathematisch-physikalischen Klasse des Jahres 1915 publizierte. Diese in Teil II wiedergegebenen Abhandlungen (im folgenden als A1 und A2 abgekürzt) enthalten die Erweiterung der Bohrschen Theorie also in noch „ungeläuterter" Form und sind deshalb gerade aus historischer Sicht von besonderem Interesse.

---

[1] Eine historische Rekonstruktion der „Trilogie" findet sich im zweiten Band (NBCW 2).

[2] Kommentarlos abgedruckt in (ASGS III, S. 172-306). In Sommerfelds Publikationsliste wird diese *Annalen*-Arbeit fälschlich mit dem Jahr 1915 versehen (ASGS IV, S. 702).

[3] An Willy Wien, 10. Februar 1916. DMA, NL 56, 010. Auch in ASWB I.

Quantentheorie in München (1909–1913)

Weder das Bohrsche Atommodell noch Sommerfelds Erweiterung kamen in einem einzigen Schöpfungsakt zur Welt. Niels Bohr (1885–1962) gelangte auf recht verwickelten Wegen zu seinem Modell [Heilbron and Kuhn, 1969, Hoyer, 1981]. Er bewirkte damit auch nicht sofort einen Umsturz in der Atom- und Quantenphysik. Auch der Sommerfeldschen Erweiterung ging eine komplexe Entwicklung voraus. Das Bohr-Sommerfeldsche Atommodell bewirkte ebenfalls keinen plötzlichen Umbruch, sondern eröffnete nur eine weitere Etappe auf dem Weg zu einer immer aufs Neue in Frage gestellten Atomtheorie, die Mitte der 1920er Jahre in der Quantenmechanik gipfelte [Kragh, 2012]. Für Arnold Sommerfeld (1868–1951) handelte es sich bei seinen Arbeiten 1915/16 nicht um eine Revolution, sondern um Schritte in einem Prozess, der besser als eine Evolution zu charakterisieren ist. Er nahm das Bohrsche Atommodell bereits unmittelbar nach seiner Veröffentlichung zur Kenntnis, machte es jedoch erst nach einer längeren Inkubationsphase zum eigenen Forschungsthema. Die in seinen Arbeiten von 1915 und 1916 publizierte Theorie hatte zuvor bei Vorlesungen, Kolloquien und im brieflichen Austausch mit Kollegen in der einen oder anderen Form ihre erste Bewährungsprobe zu bestehen. Danach machte er die Atomtheorie zum Gegenstand von Doktorarbeiten und Habilitationen in seinem Institut [Eckert, 1993, Seth, 2010]. Nur in der historischen Annäherung kann es gelingen, diesen Prozess der Theoriebildung angemessen darzustellen.

Dies ist nicht die erste historische Rekonstruktion der Bohr-Sommerfeldschen Atomtheorie [Jammer, 1966, Nisio, 1973, Benz, 1975, Kragh, 1985, Robotti, 1986, Eckert, 1995]. Bei den früheren Darstellungen galt jedoch das Augenmerk nur am Rande den beiden im Teil II abgedruckten Akademieberichten. Im Rückblick lässt sich der Weg zur Quantenmechanik mit Sommerfelds „geläuterter" Darstellung in den *Annalen der Physik* leichter beschreiten. Aber es bedarf bei einer historischen Rekonstruktion auch des Wissens um die Voraussetzungen, mit denen dieser Weg beschritten werden konnte, und um die Sackgassen und Irrwege, die davon abzweigten. Dazu ist es notwendig, den Blick auch auf die noch nicht ausgereiften Vorstellungen zu richten und insbesondere das sehr umfangreiche Quellenmaterial in die Untersuchung einzubeziehen, das in den letzten Jahrzehnten

A. Sommerfeld, *Die Bohr-Sommerfeldsche Atomtheorie*, Klassische Texte der Wissenschaft, DOI 10.1007/978-3-642-35115-0_1, © Springer-Verlag Berlin Heidelberg 2013

verfügbar wurde (ASWB I). In diesem Kapitel soll beleuchtet werden, wie sich Sommerfeld *vor* der Bohrschen „Trilogie" der Atom- und Quantentheorie näherte. Er gehörte 1911 zum illustren Teilnehmerkreis des ersten Solvay-Kongresses, der dem Thema „Theorie der Strahlung und Quanten" gewidmet war und als ein internationaler Auftakt für die Entwicklung der modernen Atom- und Quantentheorie gilt [Mehra, 1975]. Dies könnte die Vermutung nahelegen, dass Sommerfelds Forschung seit langem um die Fragen kreiste, die auch Bohr bewegten, und dass seine frühen Forschungen zur Quantentheorie bei seiner Erweiterung des Bohrschen Atommodells eine bedeutende Rolle spielten. Tatsächlich besteht zwischen Sommerfelds früher Quantentheorie und der des Jahres 1915 kaum eine Beziehung. Dennoch wäre die Bohr-Sommerfeldsche Atomtheorie ohne Berücksichtigung dieser Vorgeschichte kaum verständlich.

Sommerfeld war von seiner Karriere her eigentlich nicht prädestiniert, sich auf dem Gebiet der Atomtheorie einen Namen zu machen.[1] Er hatte in Königsberg bei Ferdinand Lindemann (1852–1939) promoviert und seine Karriere danach in Göttingen als Assistent von Felix Klein (1849–1925) fortgesetzt. Die ersten zehn Jahre seiner Laufbahn verbrachte er als Mathematiker auf einem Lehrstuhl an der Bergakademie Clausthal (1897–1900) und als Professor für Mechanik an der Technischen Hochschule Aachen (1900–1906), bevor er auf einen 1890 für Ludwig Boltzmann (1844–1906) eingerichteten Lehrstuhl für theoretische Physik nach München berufen wurde. Und auch hier deutete lange nichts darauf hin, dass er die Atom- und Quantentheorie zu seinem Hauptforschungsgebiet machen würde. In den ersten Jahren seiner Münchner Tätigkeit interessierte er sich mehr für Probleme der drahtlosen Telegrafie, Hydrodynamik und Röntgenstrahlen als für die noch junge Quantentheorie [Eckert, 1999].

1.1 Von den Röntgenstrahlen zur Quantentheorie

Mit der Berufung nach München zeichnete sich zunächst nur Sommerfelds Entschlossenheit ab, die theoretische Physik in ihrer ganzen Breite zu seinem Lehr- und Forschungsgebiet zu machen. Die Themen, mit denen er sich in Göttingen, Clausthal und Aachen beschäftigt hatte, und seine mathematische Herangehensweise prägten auch seine ersten Münchner Jahre. Dennoch wollte Sommerfeld nicht nur seinen virtuosen Umgang mit der Mathematik bei immer neuen physikalischen Problemen demonstrieren.

Dies zeigt sich besonders deutlich an seinen Bemühungen, dem Wesen der Röntgenstrahlen näher zu kommen. Er stützte sich dabei auf die von Gabriel Stokes (1819–1903), Emil Wiechert (1861–1928) und Joseph John Thomson (1856–1940) entwickelte Vorstellung, dass es sich bei den Röntgenstrahlen um elektromagnetische Impulse handelt, die beim Aufprall der Kathodenstrahlen auf die Antikathode in einer Röntgenröhre entstehen [Wheaton, 1983]. Um die Jahrhundertwende hatte Sommerfeld versucht, für solche Impulse eine Beugungstheorie zu formulieren und damit Experimente zu erklären, bei denen

---

[1] Zur Biografie Sommerfelds siehe [Benz, 1975, Eckert, 2013].

Abb. 1.1   Arnold Sommerfeld im Jahr 1909 (DMA CD 66313)

Röntgenstrahlen an sehr engen Spalten gebeugt wurden. Die mathematische Theorie der
Beugung war schon Gegenstand von Sommerfelds Habilitation [Sommerfeld, 1896]; mit
der Anwendung auf Röntgenimpulse hoffte er, die in den Röntgenimpulsen enthaltenen
Wellenlängen bestimmen zu können [Sommerfeld, 1899, Sommerfeld, 1901]. Aber weder
die Experimente noch Sommerfelds Theorie ergaben einen zweifelsfreien Beweis dafür,
dass es sich bei Röntgenstrahlen tatsächlich um elektromagnetische Wellen handelt. „Es ist
eigentlich eine Schmach, dass man 10 Jahre nach der Röntgen'schen Entdeckung immer
noch nicht weiß, was in den Röntgenstrahlen eigentlich los ist", hatte Sommerfeld 1905
an Willy Wien (1864–1928) geschrieben, der als Nachfolger Röntgens (1845–1923) an der
Universität Würzburg über Röntgenstrahlen forschte.[2]

    Als Sommerfeld ein Jahr später in München Röntgens Kollege wurde, muss er die
„Schmach" als eine persönliche Herausforderung empfunden haben, endlich Klarheit über
das Wesen der Röntgenstrahlen zu gewinnen. Von experimenteller Seite gab es dafür eini-

---

[2] An W. Wien, 13. Mai 1905. DMA NL 56, 010. Auch in ASWB I.

ge neue Befunde. Charles Glover Barkla (1877–1944) hatte einen primären Röntgenstrahl auf Paraffin gerichtet und einen davon ausgehenden und zum primären Strahl senkrecht stehenden Röntgenstrahl ausgeblendet, den er daraufhin erneut an Paraffin streute. Er konnte mit diesen Experimenten zeigen, dass Röntgenstrahlen polarisierbar sind, oder, um es mit Barklas eigenen Worten auszudrücken, „produced by the motion of electrons controlled by the electric force in the primary Röntgen pulses" (zitiert in [Wheaton, 1983, S. 46]). Barkla zeigte aber auch, dass der primäre Röntgenstrahl, der in einer Röntgenröhre von den Elektronen des Kathodenstrahls im Metall der Antikathode erzeugt wird, einen unpolarisierten Anteil enthalten musste; denn bei der Bestrahlung von Metallen mit einem primären Röntgenstrahl entstand auch „a homogeneous radiation characteristic of the element emitting it, and produced by the motion of electrons uncontrolled by the electric force in the primary pulses" (zitiert in [Wheaton, 1983, S. 101]). Daraus schloss Sommerfeld, dass bei der Erzeugung von Röntgenstrahlen zwei Prozesse beteiligt sein mussten: Die unpolarisierte „charakteristische" Röntgenstrahlung deutete auf einen inneratomaren Prozess hin, sonst würde sie keine charakteristische Materialabhängigkeit aufweisen; der andere Prozess, der für den polarisierten Anteil in der Röntgenstrahlen verantwortlich war, deutete auf einen rein elektrodynamischen Vorgang hin. Für den polarisierten Anteil sollte sich eine Abhängigkeit der ausgestrahlten Röntgenintensität von der Richtung ergeben (ähnlich wie bei einem Hertzschen Oszillator, der elektromagnetische Wellen keulenförmig quer zur Schwingungsrichtung der elektrischen Ladung abstrahlt). Die „charakteristische" Röntgenstrahlung sollte dagegen mit gleicher Intensität in alle Richtungen abgestrahlt werden.

Die Polarisation und die räumliche Verteilung der Intensität der von einer Quelle abgestrahlten Röntgenstrahlen wurden auch für die Experimentalphysiker in München zum Gegenstand neuer Forschungen. Johannes Stark (1874–1957), der an der Technischen Hochschule in Aachen mit Röntgenstrahlen experimentierte, publizierte 1909 Messergebnisse, die eine räumliche Anisotropie der von einer Kohle-Antikathode ausgesandten Röntgenintensität belegten. Er sah darin einen Beweis dafür, dass die Hypothese der elektromagnetischen Impulse falsch sein müsse, da er irrtümlich annahm, dass diese eine nach allen Richtungen gleichförmige Intensitätsverteilung ergeben würde. Für Stark offenbarte sich in der räumlichen Anisotropie die Quantennatur der Röntgenstrahlung [Hermann, 1969, S. 96–98].

Sommerfeld hatte seit seinen Arbeiten um 1900 über die Beugung von Impulsen an einem Spalt nichts mehr über Röntgenstrahlen publiziert. Nun sah er die Gelegenheit gekommen, der elektromagnetischen Impulstheorie der Röntgenstrahlen eine theoretische Grundlage zu geben – und gleichzeitig Starks Auffassung, dass diese Theorie keine anisotrope Intensitätsverteilung ergeben würde, richtig zu stellen. Wie er betonte, handelte es sich eigentlich nicht um eine neue physikalische Theorie, sondern nur darum, die bei der Abbremsung eines Elektrons entstehende elektromagnetische Strahlung zu berechnen. Dazu genüge es, „einige im Grunde bekannte Formeln zusammenzustellen" und sie auf die Verhältnisse anzuwenden, wie sie in den Experimenten von Stark vorlagen. Sommerfeld behauptete nicht, dass er damit die Entstehung der Röntgenstrahlen restlos aufgeklärt habe, denn seine Theorie bezog sich nicht auf die charakteristische Strahlung. „Es ist sehr wohl möglich, dass hierbei das Plancksche Wirkungsquantum eine Rolle spielt", räumte er ein [Sommerfeld, 1909, S. 970]. Jedoch für den Teil der Strahlung, der für die anisotrope Intensitätsverteilung verantwortlich war, bedurfte es keiner Quantentheorie. „Sie werden sich, wie ich hoffe, überzeugen," schrieb er an Stark, „dass die Bremstheorie der Röntgenstrahlen alles das von selbst leistet, wozu Sie die (doch sehr hypothetische und unbestimmte) Lichtquantentheorie heranziehen. Nicht als ob ich an der Bedeutung des Wirkungsquantums zweifelte. Aber die Ausgestaltung, die Sie ihm geben, scheint nicht nur mir, sondern auch Planck sehr gewagt."[3]

Damit gab Sommerfeld zu erkennen, dass er dem Planckschen Wirkungsquantum durchaus Bedeutung bei maß, aber nicht so weit gehen mochte wie Einstein (1879–1955), der 1905 eine Quantennatur des Lichts postuliert hatte, und Stark, der dies auch für Röntgenstrahlen annahm. Sommerfeld vermutete wie Planck (1858–1947), dass das Wirkungsquantum bei der Absorption und Emission von Strahlung eine Rolle spielt, die Strahlung selbst aber den Gesetzen der Maxwellschen Elektrodynamik gehorcht und keiner Quanteninterpretation bedürfe. Stark sah sich bloßgestellt und geriet darüber mit Sommerfeld in einen heftigen Streit [Hermann, 1967]. Einstein jedoch war trotz seiner Lichtquantenhypothese begeistert. „Seit langem hat mir nichts Physikalisches solchen Eindruck gemacht wie jene Arbeit von Ihnen über die Verteilung der Energie der Röntgenstrahlung über die verschiedenen Richtungen", schrieb er an Sommerfeld.[4] Anders als Stark sah Einstein in Sommerfelds „Bremstheorie" kein Argument gegen die Lichtquantenhypothese, sondern einen weiteren Anlass, dem mit der Quantentheorie heraufbeschworenen Welle-Teilchen-Dualismus auf den Grund zu gehen.

1.2 Die *h*-Hypothese

Die von Sommerfeld berechnete Richtungsverteilung der Röntgenintensität zeigte eine starke Abhängigkeit von der Geschwindigkeit der auf die Antikathode aufprallenden Elektronen. Bei kleiner Aufprallgeschwindigkeit erfolgte die Ausstrahlung wie bei einem Hertzschen Oszillator mit dem Intensitätsmaximum senkrecht zur Bewegungsrichtung der Elektronen, bei Annäherung an die Lichtgeschwindigkeit wurde es in der Bewegungsrichtung der Elektronen nach vorne gebündelt. Eine derart gebündelte elektromagnetische Ausstrahlung konnte wie ein Teilchenstrom erscheinen. War auch die radioaktive γ-Strahlung das Ergebnis eines solchen elektrodynamischen Prozesses? Über die Natur der γ-Strahlung war um 1910 noch weniger bekannt als über Röntgenstrahlen. Die aus einer Radiumprobe emittierten γ-Strahlen traten aber immer gemeinsam mit β-Strahlen auf, von denen man wusste, dass es sich um schnelle Elektronen handelt. Es lag also na-

---

[3] An Stark, 4. Dezember 1909. Stark-Nachlass, Staatsbibliothek zu Berlin – Preußischer Kulturbesitz, Handschriftenabteilung. Auch in ASWB I.
[4] Von Einstein, 19. Januar 1910. DMA, NL 89, 007. Auch in ASWB I.

he, für beide Strahlenarten einen gemeinsamen Entstehungsmechanismus anzunehmen. Wenn bei der plötzlichen Bremsung von schnellen Elektronen Röntgenstrahlen emittiert werden, so überlegte Sommerfeld, dann sollte auch die plötzliche Emission von Elektronen (β-Strahlen) zur Emission von gebündelter elektromagnetischer Strahlung (γ-Strahlen) führen.

„Wie üblich, fassen wir den γ-Strahl als den die Aussendung des β-Strahls begleitenden Röntgenimpuls auf. Dieser berechnet sich ganz ebenso wie der umgekehrte Vorgang, die Bremsung eines Kathodenstrahls, der zu den gewöhnlichen Röntgenimpulsen Anlass gibt." [Sommerfeld, 1911b, S. 3] So leitete Sommerfeld eine Abhandlung „Über die Struktur der γ-Strahlen" ein, die er im Januar 1911 der Bayerischen Akademie der Wissenschaften präsentierte. Während er sich bei der „Bremstheorie" der Röntgenstrahlen aber nur für die Richtungsverteilung der Röntgenintensität interessiert hatte (d. h. für die Berechnung des Poynting-Vektors, also der momentanen Ausstrahlung während der Bremsung), rückte er nun den gesamten Brems- bzw. Beschleunigungsvorgang ins Zentrum. Insbesondere wollte er die Energiebilanz bei jedem solchen Vorgang berechnen, da er sich davon eine experimentelle Überprüfung seiner Theorie erhoffte. Im Fall der γ-Strahlen betraf dies das Verhältnis der Energie des emittierten Elektrons E_β zu der der in Form von elektromagnetischer Strahlung emittierten Energie E_γ als Funktion der Geschwindigkeit des β-Elektrons. Dazu musste Sommerfeld jedoch die Dauer des Beschleunigungsvorgangs als Unbekannte in seine Berechnung einführen.

Um diese Lücke seiner Theorie zu schließen, nahm Sommerfeld Zuflucht bei der Quantentheorie: „So hypothetisch die bisherigen Betrachtungen schon sind, wollen wir doch versuchsweise durch Einführung einer neuen Hypothese sie einen Schritt weiterführen, um das Verhältnis E_β/E_γ durch lauter bekannte Größen auszudrücken und als reine Funktion der Geschwindigkeit anzugeben. Wir übertragen nämlich die Fundamentalhypothese der Planckschen Strahlungstheorie auf die radioaktiven Emissionen und nehmen an, dass bei jeder solchen Emission gerade ein Wirkungsquantum h abgegeben wird." [Sommerfeld, 1911b, S. 24–25] Er setzte die Wirkung eines Emissionsvorgangs, d. h. das Produkt der bei der Emission abgegebenen Energie mit der Dauer des Beschleunigungsvorgangs, gleich dem Planckschen Wirkungsquantum h. Diese Hypothese erlaubte ihm den Vergleich mit experimentell gemessenen Werten von E_β/E_γ und führte ihn zu dem Schluss, „dass der Beschleunigungsweg l ein sehr kleiner Bruchteil der Moleküldimensionen (10^{-8} [cm]) ist", was ihm sehr plausibel erschien, denn radioaktive Zerfälle sollten sich im Innern von Atomen abspielen. Ein Widerspruch „würde sich nur ergeben, wenn $l > 10^{-8}$ [cm] gefunden würde." [Sommerfeld, 1911b, S. 29]

Die Hypothese ließ sich auch auf den Bremsvorgang eines Elektrons in der Antikathode einer Röntgenröhre anwenden. In diesem Fall handelte es sich um das Verhältnis der bei einem Aufprall eines Kathodenstrahl-Elektrons abgegebenen Energie E_k zu der in Form eines Röntgenimpulses abgegebenen Energie E_{rpol} (wobei das „pol" besagt, dass es sich nur um den polarisierten, nicht um den charakteristischen Anteil der Röntgenstrahlung handelt). Wenn man die sehr groben experimentellen Daten für dieses Energieverhältnis heranzog, ergab sich für den „Bremsweg l" ein Wert, der ebenfalls in der Größenordnung von 10^{-8} cm lag, also wiederum, wie Sommerfeld feststellte, „ein sehr kleiner Bruchteil der Moleküldimensionen" [Sommerfeld, 1911b, S. 32]. Dass er den Bremsweg bzw. die Bremsdauer als unbekannte Konstante in seine Theorie einführen musste und sie nicht wie den Bremsvorgang selbst rein elektrodynamisch berechnen konnte, sah er darin begründet, dass diese Konstante „eine Eigenschaft des bremsenden Moleküls" ist. Es sei deshalb naheliegend, „sie aus der universellen Eigenschaft aller emittierenden oder absorbierenden Moleküle zu entnehmen, die in dem Planckschen Wirkungsquantum zum Ausdruck kommt. Erst durch dieses Eingreifen der Strahlungstheorie wird die elektromagnetische Theorie der Röntgenstrahlen völlig bestimmt. Beide Theorien schließen sich nicht aus, sondern ergänzen sich. [...] Über den elektromagnetischen Mechanismus des *h* erfahren wir aus unserer Anwendung desselben auf die Röntgenstrahlung nichts. Sowenig wie die Existenz des Wirkungsquantums den elektrischen Ausbreitungsvorgang stört (sie beeinflusst ihn nur durch Bestimmung eines sonst unbestimmten Parameters), sowenig kann die elektromagnetische Theorie die Existenz des Wirkungsquantums hindern oder erklären" [Sommerfeld, 1911b, S. 41].

Für die Elektrodynamik war nach Heinrich Hertz (1857–1894) das System der Maxwellschen Gleichungen die axiomatische Grundlage. Eine ähnliche Rolle sprach Sommerfeld nun dem Planckschen Wirkungsquantum für die Atomphysik zu, d. h. für Prozesse, die sich im Bereich von „Moleküldimensionen" abspielen. Er sah darin den Ausdruck einer „universellen Eigenschaft aller emittierenden oder absorbierenden Moleküle". Die fundamentale Bedeutung von *h* sollte sich, so argumentierte Sommerfeld im September 1911 bei einem Vortrag in Karlsruhe, auch bei anderen „Molekularprozessen" zeigen, wie zum Beispiel dem lichtelektrischen Effekt. Diese Erscheinung war für Sommerfeld nicht wie für Einstein ein Beleg für die Quantennatur des Lichts, sondern ein „Resonanzphänomen, bei dem das an das Atom quasielastisch gebundene Elektron ebenso reagiert wie z. B. in der Dispersionstheorie". Er stellte sich vor, dass das Elektron durch das eingestrahlte Licht in Schwingung versetzt wird und während einer gewissen „Akkumulationszeit" solange Energie aufnimmt, bis die Schwingung sich zur Resonanzkatastrophe aufschaukelt und das Elektron aus dem Atom herausgeschleudert wird. Auch in diesem Fall könne auf das Produkt aus Energie und Akkumulationszeit seine „Grundhypothese" angewandt werden. Für die detaillierte Ausarbeitung der Theorie verwies er auf eine künftige Publikation, die er zusammen mit seinem Assistenten Peter Debye (1884–1966) veröffentlichen wollte. Zunächst ging es ihm nur darum, der *h*-Hypothese ein weiteres Anwendungsfeld zu erschließen und die „Auffassung des Wirkungsquantums gegen die Methode der Energiequanten zu orientieren". Außerdem sah er in seiner Auffassung gegenüber der Lichtquantenhypothese von Einstein den Vorteil, dass sie „der Elektrodynamik zwar fremd, aber mit ihr verträglich" sei [Sommerfeld, 1911a, S. 1065].

Der Vortrag in Karlsruhe diente Sommerfeld als Generalprobe für den wenig später in Brüssel stattfindenden ersten Solvay-Kongress. Bei dieser Gelegenheit kam es zum ersten Mal zu einer breiten Diskussion über die verschiedenen Quantenauffassungen [Mehra, 1975, S. 13–72]. Planck präsentierte in Brüssel seine sog. „zweite" Theorie, wonach bei der Wärmestrahlung nur die Emission quantenhaft ablaufen sollte, für das

Abb. 1.2 Die Teilnehmer des Solvay-Kongresses 1911 (Wikipedia)

Verständnis der Absorption der Strahlung jedoch die gewöhnliche Elektrodynamik genüge [Kuhn, 1978, Kap. 10]. Sommerfeld und Planck hatten ihre Quantenauffassungen zuvor schon brieflich ausgetauscht. Im Juli 1911 hatte Sommerfeld der Bayerischen Akademie der Wissenschaften den Vorschlag unterbreitet, Planck wegen seiner Verdienste um die Quantentheorie zum korrespondierenden Mitglied zu ernennen, obwohl er nicht verhehlte, dass Plancks Theorie „nicht als endgültig befriedigend angesehen werden" könne.[5] Beim Solvay-Kongress betonte Sommerfeld, dass es bei seiner Theorie um „unperiodische Molekularprozesse" gehe, während in der Theorie von Planck das periodische Hin- und Herschwingen elektrischer Ladungen quantisiert werde.

Die h-Hypothese stieß in Brüssel auf große Resonanz. Die Diskussion nach Sommerfelds Vortrag gehörte zu den lebhaftesten der ganzen Tagung. Sie erstreckte sich im Konferenzbericht über zwanzig Druckseiten. Dabei erschien Sommerfelds Quantenauffassung geradezu absurd, wenn man sie auf Erscheinungen aus der Alltagserfahrung übertrug: Beim Vergleich von zwei Molekularprozessen, in denen verschieden große Energiemengen zur Wirkung kommen, sollte der mit der größeren Energie kürzer als der mit der kleineren Energie sein, da das Produkt aus Energie mal Zeit in beiden Fällen gleich sein sollte. Das Eindringen eines molekularen Projektils in eine Wand würde bei hoher Geschwindigkeit zu einer kleineren Eindringtiefe führen als bei einem langsameren Projektil, was

---

[5] An die Bayerische Akademie der Wissenschaften, 1. Juli 1911. Archiv der Bayerischen Akademie der Wissenschaften, Personalakte Planck.

der Erfahrung in der Ballistik eklatant widersprach. Doch in einer Röntgenröhre schienen andere Gesetze zu gelten. Schnelle Elektronen schienen beim Aufprall auf die Antikathode kürzere Röntgenimpulse hervorzurufen, als langsamere Elektronen, was einem kürzeren Bremsweg entsprach. Dieses Ergebnis galt durch die bisherigen Experimente mit Röntgenstrahlen als vollkommen sicher – und widersprach doch, wie Sommerfeld gleich zu Beginn seines Solvay-Vortrags betonte, „jeder Analogie auf dem Gebiete ballistischer Erfahrungen" [Sommerfeld, 1914a, S. 253].

Auch bei den γ-Strahlen sprach einiges für die h-Hypothese. Edgar Meyer (1879–1960), der Assistent von Stark, fand für die räumliche Ausbreitung von γ-Strahlen eine anisotrope Intensitätsverteilung. Wie die anisotrope Verteilung der Röntgenbremsstrahlung schien also auch die γ-Strahlung die Sommerfeldsche Theorie zu bestätigen [Wheaton, 1983, S. 160–163]. Dennoch gab es, wie die Diskussion zeigte, viele Gründe, die Hypothese mit Skepsis zu betrachten. Henri Poincaré (1854–1912) leitete zum Beispiel einen Widerspruch zu dem Gesetz ab, dass jede Wirkung eine gleich große Gegenwirkung zur Folge hat (Newtons Gesetz „actio = reactio") und dessen Gültigkeit nicht auf die Alltagserfahrungen begrenzt sein sollte: Wenn zwei verschieden große Moleküle aufeinander treffen und nach einem Sommerfeldschen Molekularprozess wieder auseinander fliegen, würde der Rückstoß des schwereren länger dauern als die Zeit, die das kleinere Molekül benötigt, um mit der ihm zukommenden Geschwindigkeit wieder davon zu fliegen. „Das Reaktionsprinzip hätte danach nur noch statistische Bedeutung; die gleiche Schwierigkeit bietet übrigens auch die Auffassung von Herrn Planck" [Sommerfeld, 1914a, S. 301].

Sommerfeld befand sich also, was die Kritik an seiner Theorie betraf, in guter Gesellschaft. Keine der in Brüssel diskutierten Quantenvorstellungen kam ungeschoren davon. Nur neue Experimente konnten der einen oder anderen Auffassung zum Durchbruch verhelfen. Sommerfeld erwartete eine Bestätigung seiner h-Hypothese von Röntgenstrahlversuchen, in denen die Bremsdauer τ eines Elektrons in der Antikathode als Funktion der Energie E_k des Elektrons bestimmt werden sollte. Seine Theorie ergab dafür eine Formel, in der keinerlei Materialkonstanten der Antikathode enthalten waren. „Unsere Theorie des Wirkungsquantums liefert einige merkwürdige Konsequenzen, die der experimentellen Prüfung wert sind", erläuterte Sommerfeld dieses Resultat. Danach sollte „die Härte der polarisierten Röntgenstrahlen von dem Material der Antikathode unabhängig und universell bestimmt sein durch die Geschwindigkeit der auftreffenden Kathodenstrahlen… Dahingehende Versuch werden in meinem Institut vorbereitet" [Sommerfeld, 1914a, S. 266].

1.3 Röntgenstrahlen, Kristalle, Quanten

Als sich Hendrik Antoon Lorentz (1853–1928), der in Brüssel mit Sommerfeld über die h-Hypothese diskutiert hatte, im Februar 1912 nach dem Stand dieser Versuche erkundigte, antwortete Sommerfeld mit Versen aus einem Gedicht Goethes:

Da hilft nun weiter kein Bemühn,
Sinds Rosen nun sie werden blühn.

Über die „Wahrscheinlichkeit des Blühens" könne er noch nichts sagen, denn die Versuche seien „noch nicht fertig".[6] Die Versuche sollte Sommerfelds zweiter Assistent, Walter Friedrich (1883–1968), durchführen, der zuvor bei Röntgen über die „Räumliche Intensitätsverteilung der X-Strahlen, die von einer Platin-Antikathode ausgehen" promoviert hatte und somit bestens darauf vorbereitet war, die Frage nach der Materialabhängigkeit der Röntgenbremsstrahlung zu untersuchen. Dazu kam es allerdings nicht, denn der als Privatdozent am Sommerfeld'schen Institut arbeitende Max Laue (1879–1960) – 1913 wurde Laues Vater geadelt, so dass sein Sohn zu Max von Laue wurde – überredete Friedrich zu einem anderen Experiment: Röntgenstrahlen sollten beim Durchgang durch Kristalle Interferenzerscheinungen hervorrufen. Wenn es sich bei Röntgenstrahlen um elektromagnetische Wellen handelt, so überlegte Laue, dann sollten die regelmäßig angeordneten Kristallatome wie ein dreidimensionales Beugungsgitter wirken und die für Wellen typischen Überlagerungen hervorrufen.

Die Umstände, unter denen dieses Experiment zustande kam, sind nicht restlos aufgeklärt; sie sorgten noch viele Jahre später für kontroverse Diskussionen [Forman, 1969, Eckert, 2012]. Ihr Resultat – die nach Laue benannten Interferenzen – war jedoch so bedeutsam, dass Sommerfeld nun die „Lauesche Entdeckung" zum vorrangigen Untersuchungsgegenstand der weiteren Röntgenexperimente in seinem Institut erklärte. Laue wurde im Jahr 1914 mit dem Nobelpreis dafür ausgezeichnet. Die Entdeckung ermöglichte die Röntgenstrukturanalyse von Kristallen und bescherte der Atomphysik die Röntgenspektroskopie als neue Experimentiermethode. 1913 war allerdings noch nicht abzusehen, welchen Aufschwung die Röntgenspektroskopie und die Kristallstrukturanalyse mit Röntgenstrahlen als neue Teilgebiete der Physik nehmen würden. Aber die Röntgeninterferenzen an Kristallen rückten zunehmend ins Zentrum von Vorträgen und Diskussionen, so etwa bei den Jahrestagungen der British Association for the Advancement of Science in Birmingham und der deutschen Naturforscher und Ärzte in Wien, sowie bei der zweiten Solvay-Konferenz, die Ende Oktober 1913 in Brüssel abgehalten wurde und dem Thema „Struktur der Materie" gewidmet war.

Die Entdeckung der Röntgeninterferenzen ließ die h-Hypothese, in die Sommerfeld beim ersten Solvay-Kongress so große Hoffnungen gesetzt hatte und für deren Bestätigung er Friedrich als seinen experimentellen Assistenten angestellt hatte, plötzlich als unwichtig erscheinen. „Das Ereignis des vorigen Semesters waren die Interferenz-Erscheinungen mit Röntgenstrahlen, die in meinem Institut gemacht sind", schrieb Sommerfeld an Paul Langevin (1872–1946) über die Strapazen des Sommersemesters 1912.[7] Nach den ersten Interferenzversuchen hatte Sommerfeld sofort dafür gesorgt, dass Friedrich bessere Experimentiergeräte bekam. Er nutzte seine Brüsseler Beziehungen, um bei der von Solvay gegründeten Physikstiftung eine Förderung für weitere Röntgeninterferenz-Versuche zu beantragen.[8] Die Röntgeninterferenzen brachten seinem Institut den Erfolg, der ihm bei

---

[6] An Lorentz, 25. Februar 1912. RANH, Lorentz, Auch in ASWB I.
[7] An Langevin, undatiert (vermutlich August/September 1912). ESPC (Langevin).
[8] An die Solvay-Stiftung, 14. Januar 1913. ESPC (Langevin).

der h-Hypothese versagt geblieben war. Nicht die Quantentheorie, sondern *Kristalle und Röntgenstrahlen* – so der Titel eines von Ewald 1923 veröffentlichten Lehrbuchs – brachten also seinem Institut den ersten großen Erfolg. Als Sommerfeld 1926 auf die ersten zwei Jahrzehnte seiner Münchner Lehr- und Forschungstätigkeit zurückblickte, bezeichnete er denn auch die „Lauesche Entdeckung" als das „wichtigste wissenschaftliche Ereignis" in der Geschichte seines Instituts [Sommerfeld, 1926].

Dennoch hegte Sommerfeld noch lange die Hoffnung, dass sich die h-Hypothese als ein grundlegendes Quantenprinzip bestätigen würde. Die bereits 1911 in Karlsruhe und in Brüssel angekündigte Anwendung der h-Hypothese auf den lichtelektrischen Effekt erwies sich jedoch als schwieriger als erwartet. Als er sie 1913 zusammen mit Debye endlich publizierte, war aus dem einfachen Grundgedanken eine reichlich verwickelte Theorie geworden [Debye und Sommerfeld, 1913]. Zu Sommerfelds und Debyes Leidwesen stellte sich jedoch noch im gleichen Jahr heraus, dass die Abtrennung eines Elektrons durch Einstrahlen von Licht nicht nach der h-Hypothese vonstatten gehen konnte, denn die theoretisch berechnete Akkumulationszeit war viel länger als die Zeitspanne zwischen der Einstrahlung von Licht und der Aussendung eines Elektrons, die in Experimenten dafür als obere Grenze ermittelt wurde [Wheaton, 1983, S. 186–188].

Doch das Scheitern der h-Hypothese war für Sommerfeld kein Grund, sich von der Quantentheorie abzuwenden. Eine große Rolle dabei spielte Debye. Dessen letzte Tat als Assistent Sommerfelds im Jahr 1910 war eine neue Ableitung des Planckschen Strahlungsgesetzes, bei der das quantenhafte Verhalten des Systems in der Verteilung der Energie auf die verschiedenen Freiheitsgrade des Systems zum Ausdruck kam. Nach dem Gleichverteilungssatz der klassischen statistischen Mechanik sollte auf jeden Freiheitsgrad im thermischen Gleichgewicht die gleiche Energie $E = \frac{1}{2}kT$ (k = Boltzmann-Konstante, T = Temperatur) entfallen. Nach Debye sollte sich aber bei der Wärmestrahlung die Energie *nicht* gleichmäßig auf alle Freiheitsgrade verteilen, „sondern jeder Freiheitsgrad bekommt nach Maßgabe seiner Schwingungszahl v die Energie $E = \frac{hv}{e^{hv/kT}-1}$."[9] Auf ähnliche Weise quantelte Debye 1912 die Gitterschwingungen von Kristallen; er konnte damit erklären, warum die spezifische Wärme von Festkörpern bei tiefen Temperaturen proportional zur dritten Potenz der Temperatur abnimmt. Nach dem Planckschen Strahlungsgesetz war dies ein weiteres Beispiel dafür, dass man mit Quantenkonzepten sonst schwer erklärbare Erscheinungen theoretisch behandeln konnte, auch wenn damit noch kein vollständiges Verständnis erreicht wurde [Eckert et al., 1992]. Sommerfeld ließ nach dem Muster der Debyeschen Theorie der spezischen Wärme von seinem Assistenten Wilhelm Lenz (1888– 1957) auch die Schallschwingungen in einem Gas quanteln in der Hoffnung, damit auch das Tieftemperaturverhalten von Gasen zu erklären. Er stellte diese Theorie 1913 bei einer Quantenkonferenz in Göttingen vor [Sommerfeld, 1914b], musste aber bald erkennen, dass man auf diesem Weg in einer Sackgasse landete.[10]

---

[9] Von Debye, 2. März 1910. DMA, HS 1977–28/A,61. Auch in ASWB I. Siehe dazu auch [Hermann, 1969].

[10] An Hilbert, 14. Oktober 1913. SUB (Cod. Ms. D. Hilbert 379 A)

Eine andere Variante der Debyeschen Quantelungsmethode sollte für ein Gas aus Atomen zeigen, „ob man die Gesamtenergie, die zum Schwingungsbereiche (v, $v + dv$) gehört, nach Quanten zu verteilen hat, oder ob sich etwa die Ätherenergie und die Elektronenenergie einzeln quantenhaft verhalten".[11] So jedenfalls charakterisierte Sommerfeld sein Forschungsinteresse an dieser Frage, die er Alfred Landé (1888–1976) als Thema für die Doktorarbeit [Landé, 1914] gestellt hatte, für die sich aber, so Landé viele Jahre später, sonst niemand interessierte.[12] Ein anderer Sommerfeldschüler wandte die Debysche Quantelungsmethode auf Schwingungen von zweiatomigen Kristallgittern wie zum Beispiel Kochsalz (NaCl) an und berechnete, welche elektromagnetische Strahlung durch die gegenseitigen Schwingungen der in jeder Kristallzelle aneinander gebundenen Atome verursacht wird („Reststrahlen"). Die Wärmebewegung der beteiligten Atome sollte zu schnelleren und langsameren Schwingungen führen, wenn die Massen der beiden Atome merklich voneinander verschieden sind, und damit auch im Spektrum der Reststrahlen auffallen. „Herr Dehlinger hat diese Vermutung bestätigt", so konstatierte Sommerfeld den Erfolg dieser Dissertation.[13]

Auch wenn sich bei diesen frühen quantentheoretischen Arbeiten Erfolg und Misserfolg die Waage hielten, zeigte sich daran doch, dass Sommerfeld es verstand, talentierte Schüler für diesen Problemkreis zu begeistern. Die „Sommerfeldschule" machte sich schon vor der Bohr-Sommerfeldschen Atomtheorie als eine Theoretikerschmiede bemerkbar, mit Themen aus der Quantenphysik ebenso wie mit Themen aus zahlreichen anderen Problemfeldern [Eckert, 1993, Seth, 2010]. Auch wenn die Quantentheorie vor dem Ersten Weltkrieg noch kein zentrales Anliegen war, integrierte Sommerfeld sie in sein Lehrprogramm. Im Wintersemester 1912/13 hielt er eine Vorlesung über „Ausgewählte Fragen aus der Quantentheorie", und auch in seinem Kolloquium kamen immer wieder Quantenfragen zur Sprache. Dennoch bleibt festzuhalten, dass gemessen an den sonst behandelten Themen seines Lehrprogramms die Atom- und Quantenphysik eher die Ausnahme als die Regel darstellte.

---

[11] An die Philosophische Fakultät, 2. Sektion, der LMU, 28. April 1914. UAM (OC I 40 p)

[12] Interview mit Landé von Thomas S. Kuhn und John Heilbron, 5. März 1962. AHQP. http://www.aip.org/history/ohilist/4728_1.html.

[13] An die Philosophische Fakultät, 2. Sektion, der LMU, 26. Juni 1914. UAM (OC I 40 p)

Sommerfelds Reaktion auf das Bohrsche Atommodell (1913–1914)

Bei seiner ersten Beschäftigung mit der Bohrschen Atomtheorie galt Sommerfelds Interesse weder der Quantentheorie noch dem Bohrschen Atommodell, sondern der Theorie der Spektrallinien, die mit Bohrs Ansatz einher ging ([Bohr, 1913a, Bohr, 1913b, Bohr, 1913c], abgedruckt in NBCW 2 und kommentiert in [Hoyer, 1981]). Elektronen sollten nach einer Quantenvorschrift auf stabilen Bahnen um den Atomkern kreisen, und nur die Übergänge zwischen solchen Bahnen sollten zur Ausstrahlung von Spektrallinien führen. Für das Wasserstoffatom erhielt Bohr die Formel

$$\nu = N\left(\frac{1}{n^2} - \frac{1}{m^2}\right),$$

wobei ν die Frequenz einer Spektrallinie, N die Rydberg-Konstante, n und m natürliche Zahlen bedeuten ($n = 1, 2, 3, \ldots$ = Kennzahl der jeweiligen Spektralserie, $m = n + 1$, $n + 2, \ldots$ = Laufzahl innerhalb einer Serie). Mit $n = 2$ entsprach dies der Balmer-Serie mit den Spektrallinien $H_\alpha (m = 3)$, $H_\beta (m = 4)$ u. s. w. Für die früher nur empirisch bestimmte Rydberg-Konstante lieferte Bohrs Theorie

$$N = \frac{2\pi^2 m e^4}{h^3},$$

mit m = Elektronenmasse, e = Elektronenladung und h = Plancksches Wirkungsquantum.

Als Bohr diese Theorie seinem Mentor Ernest Rutherford vorstellte, reagierte der mit einer Mischung von Anerkennung und Zweifel. Bohrs Ideen über das Wasserstoffspektrum seien „very ingenious and seem to work well; but the mixture of Planck's ideas with the old mechanics make it very difficult to form a physical idea of what is the basis of it." (zitiert in [Hoyer, 1981, p. 112])

Auch Sommerfeld war anfangs hin- und hergerissen zwischen Bewunderung und Skepsis. „Ich danke Ihnen vielmals für die Übersendung Ihrer hochinteressanten Arbeit, die ich schon im Phil. Mag. studiert hatte. Das Problem, die Rydberg-Ritz'sche Constante durch

A. Sommerfeld, *Die Bohr-Sommerfeldsche Atomtheorie*, Klassische Texte der Wissenschaft, DOI 10.1007/978-3-642-35115-0_2, © Springer-Verlag Berlin Heidelberg 2013

das Planck'sche *h* auszudrücken, hat mir schon lange vorgeschwebt. Ich habe davon vor einigen Jahren zu Debye gesprochen. Wenn ich auch vorläufig noch etwas skeptisch bin gegenüber den Atommodellen überhaupt, so liegt in der Berechnung jener Constanten fraglos eine grosse Leistung vor. [...] Werden Sie Ihr Atommodell auch auf den Zeeman-Effekt anwenden? Ich wollte mich damit beschäftigen."[1]

2.1 Zeeman- und Paschen-Back-Effekt

Wie bei der *h*-Hypothese, die durch Sommerfelds Forschung über Röntgenstrahlen motiviert war, so stand auch bei seinem Interesse für die Bohrsche Theorie ein gerade lebhaft diskutiertes Thema der aktuellen Physik im Hintergrund: der 1912 entdeckte Paschen-Back-Effekt. Damit rückte die Aufspaltung von Spektrallinien im Magnetfeld wieder ins Zentrum der spektroskopischen Forschung. Die Aufspaltung in eine Gruppe von drei Linien (Triplett) war schon von Lorentz 1899 durch die Zerlegung einer Schwingung eines quasielastisch gebundenen Elektrons in drei Anteile erklärt worden: einer ungestörten Schwingung parallel zum Magnetfeld und zwei zirkularen senkrecht dazu mit jeweils entgegengesetztem Umlaufsinn. Allerdings zeigte sich mit verbesserten interferometrischen Beobachtungstechniken bald, daß dieser „normale" Zeemaneffekt die Ausnahme darstellt. Weit häufiger sind „komplexe Zeemantypen" mit mehr als dreifacher Aufspaltung wie Quartette, Sextette usw. Zwar konnten diese komplexen Zeemantypen nicht erklärt werden, doch wurden empirische Gesetzmäßigkeiten gefunden: Die Spektrallinien verwandter chemischer Elemente (im Periodensystem untereinander angeordnet) zeigen die gleiche Zeemanaufspaltung (Prestonsche Regel 1898); die Differenzen der Schwingungszahlen zwischen den aufgespaltenen Linien im anomalen Zeemaneffekt sind rationale Vielfache der normalen Lorentzschen Aufspaltung (Rungesche Regel). Der 1912 entdeckte Paschen-Back-Effekt zeigte, dass bei sehr starken Magnetfeldern der anomale Zeemaneffekt in den normalen übergeht.

„Ich habe dieser Tage eine Arbeit über das Zeeman-Phänomen verbrochen im Anschluß an Paschen-Back und möchte gern von Ihnen erfahren, ob sie neu ist."[2] So hatte Sommerfeld Carl Runge, den er als Experten in Sachen Spektroskopie schätzte, im Januar 1913 seine Beschäftigung mit diesem Thema angekündigt. Er hoffte, die von Friedrich Paschen und dessen Doktorand Ernst Back kürzlich gefundene Verwandlung des Aufspaltungsmusters bei hohen Feldstärken dadurch zu erklären, dass er für die drei möglichen Schwingungsrichtungen des Elektrons in der Lorentzschen Theorie geringfügig voneinander abweichende Frequenzen annahm. Im Magnetfeld ergibt sich dann zunächst ein anomales Aufspaltungsbild, da sich drei normale Zeemaneffekte überlagern; wird die Feldstärke jedoch so

---

[1] An Bohr, 4. September 1913. Kopenhagen, Niels Bohr Archiv, Bestand Bohr. Auch in ASWB I und NBCW 2.

[2] An Runge, 17. Januar 1913. DMA, HS 1976–31. Auch in ASWB I.

groß, daß die Energiedifferenzen zwischen den Grundfrequenzen vernachlässigbar werden, stellt sich das normale Zeemantriplett als Aufspaltungsbild ein [Sommerfeld, 1913].

Sommerfelds Erklärung war jedoch nicht wirklich neu. Woldemar Voigt, der 1908 ein Lehrbuch über Magnetooptik verfasst hatte [Voigt, 1908], wies Sommerfeld darauf hin, dass er die Erklärung des anomalen Zeemaneffekts „durch anisotrop gebundene Elektronen" schon „lange gehegt" habe und darüber auch mit Sommerfeld diskutiert hatte: „Ich entsinne mich genau, so um 1900 herum Ihnen hier in meinem Zimmer die Vorstellung von homogenen Ellipsoiden positiver Ladung auseinandergesetzt zu haben, innerhalb derer die Elektronen sich bewegen. Sie findet sich auch in meinem Buch S. 69. Aber sie scheint mir nicht haltbar."[3] Voigt bat Sommerfeld, in einem Nachwort seine Priorität anzuerkennen. Er nahm dies auch zum Anlass, um nun seinerseits eine umfassende Theorie des Zeemaneffekts zu veröffentlichen [Voigt, 1913c, Voigt, 1913b, Voigt, 1913a]. Er interpretierte die komplexen Aufspaltungsmuster als Ergebnis der durch verschiedene Kopplungskonstanten miteinander verbundenen Schwingungen mehrerer Elektronen. Seine „Kopplungstheorie" habe, so schrieb er Sommerfeld, „den Vorzug präziser Fragestellung, sie führt die sämtlichen durch die Beobachtung geforderten Freiheitsgrade wirklich ein und gestattet zu begreifen, durch welche Beobachtungen Schlüsse auf die Funktion eines jeden einzelnen möglich sind (bei den D-Triplets liegt die Sache so günstig, daß man aus der Erfahrung alle Parameter auch wirklich ableiten kann.) Diese Aufklärung scheint mir die unerläßliche Voraussetzung für die Konstruktion eines befriedigenden Modelles. Freilich muß dies bei den D-Linien 12 Freiheitsgrade haben, und damit ist die große Schwierigkeit der definitiven Aufgabe bereits angedeutet. Ich verzweifle daran, sie zu lösen und begnüge mich mit der Vorarbeit."[4]

Die „Kopplungstheorie" stand im Frühjahr 1913 im Zentrum der Diskussionen zwischen dem Experimentator Paschen in Tübingen und den rivalisierenden Theoretikern Voigt und Sommerfeld in Göttingen und in München. „Voigt hat mir auch über Ihre Behandlung des Gegenstandes geschrieben", schrieb Paschen an Sommerfeld. „Voigt macht sich das Leben entsetzlich schwer mit den vielen Parametern".[5] Am 25. Juni 1913 referierte Sommerfeld im Münchner Kolloquium „Über komplizierte Zeemaneffekte".[6] Kurz darauf erschien Bohrs Theorie. Als Sommerfeld in seiner ersten Reaktion darauf seine Skepsis „gegenüber den Atommodellen überhaupt" zum Ausdruck brachte, dürfte er vor allem an die Voigtschen Vorstellungen „von homogenen Ellipsoiden positiver Ladung [...] innerhalb deren die Elektronen sich bewegen" und an die Voigtsche „Kopplungstheorie" für den anomalen Zeemaneffekt gedacht haben. Vor diesem Hintergrund ist es auch nicht verwunderlich, dass er daran sofort die Frage knüpfte: „Werden Sie Ihr Atom-Modell auch auf den Zeeman-Effekt anwenden?"

---

[3] Von Voigt, 26. Januar 1913. DMA, HS 1977–28/A,347.
[4] Von Voigt, 31. März 1913. DMA, HS 1977–28/A,347.
[5] Von Paschen, 1. April 1913. DMA, HS 1977–28/A,253.
[6] Physikalisches Mittwoch-Colloquium. DMA, 1997–5115.

Sommerfeld gab nach seiner im Frühjahr 1913 publizierten Theorie des Paschen-Back-Effekts seine eigenen Bemühungen um eine allgemeine Theorie des Zeemaneffekts noch nicht ganz auf. Voigt habe „sowohl die komplizierten Zerlegungen bei schwachen Feldern wie die zunehmende Vereinfachung bei starken Feldern" erfolgreich beschrieben, so räumte er die Priorität seines Göttinger Rivalen auf diesem Gebiet ein. „Sie kann daher als ein im Wesentlichen getreues und zuverlässiges Abbild der Beobachtungstatsachen gelten. [...] Die von mir vorgeschlagene Auffassung des Paschen-Backschen Effektes kann sich mit der Voigtschen Theorie offenbar in keiner Weise messen. Sie wollte nur die Verhältnisse bei starken Feldern veranschaulichen, die komplizierten Zerlegungen bei schwachen Feldern kann sie nicht wiedergeben." Er begnügte sich damit zu zeigen, „dass sich die Voigtschen Gleichungen für die D-Linien in eine überraschend einfache Form bringen lassen."[Sommerfeld, 1914c, S. 207] Sommerfelds Korrespondenz zeigt jedoch, dass ihn der Zeemaneffekt weiter beschäftigte. Er suchte noch bis Ende 1914 die Erklärung für den Zeemaneffekt in einer Modifikation der von Lorentz und Voigt entwickelten Vorstellungen. Man sollte den Versuch machen, schrieb er einmal an den Astrophysiker Karl Schwarzschild, der sich ebenfalls um eine allgemeine Theorie des Zeemaneffekts bemühte [Schwarzschild, 1914b], „alles was Voigt quasielastisch schreibt magnetisch umzuschreiben",[7] also statt vieler gekoppelter Elektronen deren einzelne Wechselwirkung mit dem Magnetfeld zu untersuchen.

Weder Sommerfeld noch Schwarzschild kamen damit dem Ziel einer Theorie des Zeemaneffekts näher, die diesem Phänomen nicht nur deskriptiv auf den Grund ging. Aber die Schwierigkeiten, dieses Ziel mit einer klassischen Theorie nach dem Vorgehen von Lorentz und Voigt zu erreichen, erhöhten ihre Bereitschaft, dafür auch das Bohrsche Atommodell in Betracht zu ziehen. In München konnte man das daran erkennen, dass Paul Epstein, der 1910 nach München gekommen war und zu einem festen Mitglied des Theoretikerkreises um Sommerfeld wurde, das Bohrsche Atommodell am 26. Januar 1914 im gemeinsamen Kolloquium der Münchner Physiker von der Technischen Hochschule und der Universität vorstellte.[8] Auch dabei dürfte der um diese Zeit lebhaft diskutierte Zeemaneffekt eine große Rolle gespielt haben.

2.2 Starkeffekt

Zu den klassisch nicht erklärbaren „komplexen Zeemantypen" kam Ende 1913 noch ein zweites Phänomen, das die Physiker in München und anderswo zur Quantentheorie als möglicher Erklärung greifen ließ. Im November 1913 erhielt Sommerfeld einen Brief von Stark mit einer „Mitteilung über eine neue Erscheinung", die bald als „Starkeffekt" in die Physikgeschichte einging. „Durch Anwendung eines starken elektrischen Feldes und geeigneter optischer Methoden ist es mir nämlich gelungen, Spektrallinien durch ein elektri-

---

[7] An Schwarzschild, 30. November 1914. Göttingen, SUB, Schwarzschild-Nachlass.
[8] Physikalisches Mittwoch-Colloquium. DMA, 1997–5115.

sches Feld in scharfe Komponenten aufzuspalten, welche vollständig geradlinig in Bezug auf die Feldaxe polarisiert sind", schrieb Stark an Sommerfeld. Er komme demnächst nach München, um auch Röntgen und weiteren Kollegen seine Spektrogramme zu zeigen.[9]

Nach der Entdeckung des Zeemaneffekts hatte man schon lange vor Starks Entdeckung eine Aufspaltung von Spektrallinien in einem elektrischen Feld erwartet [Hermann, 1965]. Voigt hatte 1901 „das elektrische Analogon zum Zeemaneffekt" auch theoretisch vorhergesagt [Voigt, 1901]. Die berechneten Aufspaltungsfrequenzen lagen jedoch weit außerhalb der später gefundenen experimentellen Werte. Starks Entdeckung wurde deshalb sofort mit großem Interesse zur Kenntnis genommen. „Der neue Stark-Effekt (mit Demonstrationen)", so lautete am 10. Dezember 1913 das Thema des Sommerfeldschen Kolloquiums.[10] Auch in Berlin sorgte Starks Entdeckung für Aufsehen. Sie wurde zuerst in den Sitzungsberichten der Preußischen Akademie der Wissenschaften veröffentlicht [Stark, 1913] und führte – lange vor der ausführlichen Publikation in den *Annalen der Physik* [Stark, 1914a] – unter Experimentatoren und Theoretikern zu lebhaften Diskussionen. Emil Warburg, der Präsident der Physikalisch-Technischen Reichsanstalt, und Karl Schwarzschild präsentierten binnen weniger Wochen auf Sitzungen der Berliner Physikalischen Gesellschaft erste Erklärungsversuche [Warburg, 1913, Schwarzschild, 1914b].

Warburg war der erste, der sich in diesem Zusammenhang die Frage stellte, "was die Theorie des Herrn Bohr für die Wirkung eines elektrischen Feldes auf die Emission ergibt". Er kam zu dem Ergebnis, dass das Bohrsche Atommodell die Aufspaltung der Spektrallinien in elektrischen und magnetischen Feldern „bis zu einem gewissen Grade sogar quantitativ" erklären könne, „aber keineswegs vollständig". Aus diesem Grund sei die Theorie von Bohr „jedenfalls einer Modifikation oder Ergänzung bedürftig". Der von Stark entdeckte Effekt gehöre „wahrscheinlich" zu den Erscheinungen, „welche sich auf dem Boden der klassischen Elektrodynamik nicht erklären lassen" [Warburg, 1913, S. 1259 und S. 1266].

Schwarzschild wollte vor einer quantentheoretischen Berechnung zuerst ausloten, ob man den Starkeffekt nicht doch mit der klassischen Theorie erklären könne. Er sah in der Bewegung eines Elektrons um einen Atomkern bei angelegtem elektrischen Feld den Grenzfall eines in der Himmelsmechanik gründlich untersuchten Problems. Wenn sich ein Planet im Gravitationsfeld von zwei Sonnen bewegt, und wenn die eine Sonne ins Unendliche gerückt und gleichzeitig deren Masse als sehr groß angenommen wird, so würde der um die erste Sonne kreisende Planet eine Überlagerung des zentralsymmetrischen Feldes der ersten Sonne mit dem Feld der zweiten Sonne spüren, das mit zunehmender Entfernung wie ein homogenes Feld wirkt. „Man denke eine Spektrallinie erzeugt durch ein Elektron, das unter der elektrostatischen Anziehung einer ruhenden positiven Einheitsladung eine Keplersche Bewegung beschreibt", so verglich Schwarzschild die Elektronenbewegung mit einer Planetenbewegung. „Kommt noch ein äußeres elektrisches Feld hinzu, so wirkt das, wie die Anziehung einer sehr entfernten großen Elektrizitätsmenge. Man hat es mit dem

---

[9] Von Stark, 21. November 1913. Berlin, Staatsbibliothek Preußischer Kulturbesitz, Autogr. I/292. Auch in ASWB I.

[10] Physikalisches Mittwoch-Colloquium. München, DMA, 1997–5115.

bekannten Problem der Anziehung nach zwei festen Zentren zu tun, mit der Spezialisie-
rung, daß das eine Zentrum sehr weit abrückt." Die Berechnung war sehr kompliziert,
aber für einen Virtuosen in Sachen Himmelsmechanik nichts besonderes. Das Ergebnis
war eine Elektronenbewegung, bei welcher der Umlauffrequenz ohne angelegtes Feld eine
Bewegung mit sehr viel langsamerer Frequenz überlagert wurde. Das ergab zwar dieselbe
Größenordnung wie bei der von Stark beobachteten Aufspaltung, führte aber zum „Auftreten von Oktaven der Ausgangslinien", also weiteren Linien in Gestalt von höheren Harmonischen, die sich in Starks Experimenten nicht zeigten [Schwarzschild, 1914b, S. 20 und
23].

2.3 Das Bohrsche Atommodell in der Diskussion der Münchner Physiker

Nachdem die klassische Theorie den komplizierten Aufspaltungen beim Zeeman- und
Starkeffekt ziemlich ohnmächtig gegenüber stand, wurde das Bohrsche Modell – trotz aller
Vorbehalte – doch immer mehr als ein vielversprechender neuer Ansatz betrachtet, der bei
geeigneter Modifikation oder Erweiterung vielleicht die Rätsel der Atomspektren erklären
könnte. Im Sommersemester 1914 stand noch einmal der Starkeffekt im Zentrum des
Sommerfeldschen Kolloquiums: Am 13. Mai 1914 berichtete Ernst Wagner, ein Assistent
Röntgens, „Experimentelles über den Starkeffekt", und Sommerfelds Assistent Wilhelm
Lenz referierte über „Stark's Bemerkungen zum Zeemaneffekt". Zwei Wochen später, am
27. Mai 1914, machten Lenz und Sommerfeld „Theoretisches über den Starkeffekt nach
Bohr" zum Kolloquiumsthema.[11]

Bei all diesen Kolloquiumsvorträgen und -diskussionen ging es um Bohrs Vorstellungen über den Zeeman- und Starkeffekt. Im März 1914 hatte Bohr im *Philosophical Magazine*
einen Aufsatz „On the Effect of Electric and Magnetic Fields on Spectral Lines" veröffentlicht, in dem er – ähnlich wie Warburg – zeigte, dass sein Modell die Größe der Aufspaltung
beim Starkeffekt richtig beschrieb, aber darüber hinaus noch weitere Erscheinungen der
Aufspaltungsmuster erklären konnte [Bohr, 1914]. „I find that my theory allows a correct
calculation of the order of magnitude of the effects mentioned", schrieb Bohr an Warburg.
„However, contrary to your results, I find that it is possible to explain the separation of the
lines observed by Stark and also to make the theory agree quantitatively with the observa-
tions of the Zeeman effect"(zitiert in NBCW 2, S. 321).

Bohrs Theorie beruhte auf der Annahme, dass im Atom durch ein angelegtes elektrisches Feld ein elektrischer Dipol induziert wird. Er glaubte, dass auch der Dublett-
Charakter vieler Spektrallinien auf einem Starkeffekt beruhe, der auch ohne Anlegen eines
äußeren elektrischen Feldes durch die hohen Spannungen in Entladungsröhren hervorge-
rufen wird. Bohr musste jedoch schon kurz nach seiner Veröffentlichung im *Philosophical
Magazine* erkennen, dass diese Ansicht falsch war. „In my last paper I proposed the sugges-

---

[11] Physikalisches Mittwoch-Colloquium. DMA, 1997–5115.

tion (note p. 521), that the hydrogen lines might not be real doublets, but that the doubling observed might be due to a Stark effect produced by the electric field in the discharge", schrieb er im April 1914 an den englischen Spektroskopiker Alfred Fowler. Jüngste Experimente, bei denen man die Spannung der Entladungsröhre variierte, hätten jedoch den Dublett-Charakter der Spektrallinien beim Wasserstoff nicht verändert. „From this reason and on account of a closer study of the literature I am at present inclined to think that my suggestion was wrong." Als Ausweg aus diesem Dilemma dachte er nun daran, dass der Kern des Wasserstoffatoms nicht einfach als Punktladung idealisiert werden dürfe. Wenn man eine räumliche Ladungsverteilung annehme, würde die Coulombsche Anziehung zwischen Atomkern und Elektron nicht mehr exakt nach dem quadratischen Abstandsgesetz erfolgen. Dann sollte es noch feinere Aufspaltungen geben. „In this connection it might also be of great interest whether your 4686 lines are doublets, and if so in what way the distance between the components varies from line to line. […] For these lines as well as for the Hydrogen lines an eventual doubling cannot origin from inner electrons and the close investigation of the structure of the lines might therefore afford one of the very few ways imaginable to investigate the constitution of the central nucleus." (zitiert in NBCW 2, S. 324–325)

Damit geriet die Diskussion über die Aufspaltung der Spektrallinien beim Starkeffekt zu einer Diskussion über die Feinstruktur von Spektrallinien. Die zur Wellenlänge von 4686 Å (= 468,6 nm) gehörige Spektrallinie schien eine solche Feinstruktur aufzuweisen, doch die experimentellen Befunde waren nicht eindeutig. Es war lange umstritten, ob diese Linie zum Wasserstoff oder zum ionisierten Helium gehörte. Die Linie 4686 gehörte zu einer Serie, die Fowler in einem Wasserstoff-Helium-Gemisch beobachtet hatte und die nicht der sonst für Wasserstofflinien gut bestätigten Balmerschen Formel gehorchte. Der amerikanische Astronom Edward Charles Pickering hatte diese ungewöhnliche Serie auch in Sternspektren entdeckt. Beide nahmen zunächst an, dass es sich dabei um eine Wasserstoffserie handelte. Doch nach der Bohrschen Theorie unterschieden sich die Serien des ionisierten Heliums von den Wasserstoffserien aufgrund der unterschiedlichen Kernladung nur durch den Vorfaktor. Die aus dem Rahmen fallende Wasserstoffserie

$$v = N \left(\frac{1}{(n/2)^2} - \frac{1}{(m/2)^2} \right)$$

würde als Serie des ionisierten Helium der Formel

$$v = 4N \left(\frac{1}{n^2} - \frac{1}{m^2} \right)$$

gehorchen, wobei der Vorfaktor 4 der doppelten Kernladung des Heliums geschuldet war. Nach Bohr würde die Linie 4686 also nicht aus dem Rahmen fallen, wenn sie dem ionisierten Helium zugewiesen würde (mit $n = 3$ und $m = 4$).

Das Interesse am Bohrschen Atommodell wurde im Sommer 1914 so groß, dass die Münchner Physiker die Theorie aus erster Hand kennenlernen wollten und Bohr selbst

Abb. 2.1 Niels Bohr auf einer Aufnahme aus dem Jahr 1917 (Niels Bohr Archiv, A009)

zum Kolloquium einluden. Bohr nahm die Einladung an und hielt am 15. Juli 1914 einen Kolloquiumsvortrag „Über das Bohrsche Atommodell, insbesondere die Spektren von Helium und Wasserstoff".[12]

In der Frage, ob die Linie 4686 dem Wasserstoff oder Helium zugeordnet werden sollte, hatte sich Fowler im April 1914 der Ansicht Bohrs angeschlossen, dass sie dem ionisierten Helium zugerechnet werden müsse. Bohr hatte daraufhin seine Theorie verfeinert, indem er die Geschwindigkeit des Elektrons auf einer stabilen Umlaufbahn nicht als konstant voraussetzte (d. h. statt der Kreisbahn eine elliptische Umlaufbahn annahm). Dies führte zu einer Korrektur seiner Serienformel. Auch eine Linienaufspaltung konnte darauf beruhen, denn „the orbit will rotate round an axis through the nucleus and perpendicular to the plane of the orbit, in much the same way as if the atom were placed in a magnetic field. It might therefore be supposed that we would obtain a doubling of the lines if the orbits are not circular." Bohr publizierte diese Konsequenz erst im Februar 1915 in einer Arbeit „On the Series Spectrum of Hydrogen and the Structure of the Atom", doch er hatte die

---

[12] Physikalisches Mittwoch-Colloquium. DMA, 1997–5115.

Korrektur seiner Serienformel schon im April 1914 in einem Brief an Fowler mitgeteilt. Vermutlich hatte er die Publikation zurückgestellt, da Fowler ihm darauf geantwortet hatte, dass die unkorrigierte Formel besser mit den experimentell beobachteten Spektralserien übereinstimme (NBCW 2, S. 327–328).

In diesem Zusammenhang rückte auch das Problem des Magnetons ins Zentrum der Diskussion („... in much the same way as if the atom were placed in a magnetic field..."). Im Bohrschen Atommodell wurde durch die Quantelung des Drehimpulses ein elementarer Drehimpuls $\frac{h}{2\pi}$ und damit auch ein elementares magnetisches Moment $\frac{e}{mc}\frac{h}{2\pi}$ postuliert. Pierre Weiss hatte jedoch 1911 beim ersten Solvay-Kongress aus verschiedenen experimentellen Messungen von magnetisierten Substanzen den Schluss gezogen, dass die kleinste Einheit für das magnetische Moment $\frac{e}{12mc}\frac{h}{2\pi}$ sein sollte. Das elementare magnetische Moment des Bohrschen Atommodells war also viel gößer als das „Weisssche Magneton"[Kragh, 2012, S. 46–47]. Sommerfeld hatte wenige Wochen vor Bohrs Münchenbesuch an Paul Langevin über seine jüngste Arbeit zum Zeemaneffekt geschrieben: „Wenn sie auch gegenüber Voigt nicht viel Neues enthält, so zeigt sie doch, dass im Atom eine ungeahnte zahlentheoretische Symmetrie und Harmonie zu herrschen scheint, wie ja von anderer Seite her Bohr gezeigt hat. Offenbar ist sehr viel Wahres an Bohr's Modell; und doch meine ich, dass es noch gründlich umgedeutet werden muß, um zu befriedigen. Besonders stört mich zur Zeit daran, dass es einen falschen Wert für das Magneton gibt."[13] Am 1. Juli 1914 lautete das Vortragsthema im Sommerfeldschen Kolloquium „Über Magnetonen".[14] Diese Fragen dürften auch bei Bohrs Münchner Kolloquiumsvortrag am 15. Juli 1914 für Diskussionen gesorgt haben.

Ein weiteres Thema, das in diesen Wochen für Gesprächsstoff unter den Physikern sorgte, betraf die Experimente, mit denen James Franck und Gustav Hertz beim Durchgang von Kathodenstrahlen durch Quecksilberdampf einen sprunghaften Verlauf der „Ionisierungsspannung" gefunden hatten. Auch diese Versuche schienen für das Bohrsche Modell zu sprechen, wenn auch auf andere Weise, als sich dies Franck und Hertz zunächst gedacht hatten. Die Franck-Hertz-Versuche waren am selben Tag wie Bohrs Atommodell Thema des Münchener Kolloquiums. Walther Kossel, der seit 1913 zu dem Münchner Physikerkreis zählte, referierte über „Stossionisation und Leuchterregung der Gase durch Kathodenstrahlen".[15] Dabei ging es insbesondere um Kathodenstrahlversuche, die in Würzburg von Wilhelm Wiens Assistenten Hans Rau durchgeführt wurden: in diesen Experimenten wurde die Spannung der Kathodenstrahlröhre so variiert, dass die Energie der Elektronen eine gezielte Anregung der Balmer-Serie ermöglichte. Die Messwerte stimmten sehr gut mit den theoretischen Werten des Bohrschen Modells überein [Rau, 1914].

Die Diskussionen im Anschluss an die Vorträge von Bohr und Kossel kreisten also um ein ganzes Bündel von aktuellen Forschungsfragen, die Argumente für oder gegen das

---

[13] An Langevin, 1. Juni 1914. Paris, École Supérieure de Physique et de Chimie Industrielles de la Ville de Paris, Centre de resources historiques, Langevin, L 76/53. Auch in ASWB I.
[14] Physikalisches Mittwoch-Colloquium. DMA, 1997–5115.
[15] Physikalisches Mittwoch-Colloquium. DMA, 1997–5115.

Bohrsche Modell beinhalteten und die nicht nur den Münchner Physikern, sondern auch Bohr eine Fülle von neuen Anregungen vermittelte. „I gave a couple of short talks in the seminars in Göttingen and Munich and had many lively discussions", schrieb Bohr nach seiner Reise an seinen schwedischen Kollegen Carl Wilhelm Oseen. „I especially enjoyed talking with Wien and hearing about some experiments going on in his institute; they may perhaps provide material for the critical examination of my speculations.... several of the results hitherto obtained agree quite well with the calculations. I think that the beautiful experiments by Franck and Hertz on the ionization of Mercury vapours can be interpreted along the same lines."(zitiert in NBCW 2, S. 331) Allerdings interpretierte Bohr die Ergebnisse von Franck und Hertz anders als die Experimentatoren selbst: sie zeigten keine „Ionisierungsspannung" an, sondern den Energieverlust der Kathodenstrahlen beim Anregen von Elektronenübergängen zwischen den stabilen Bahnen im Atom. Auch dies veröffentlichte Bohr erst ein Jahr später, doch die Andeutung in seinem Brief an Oseen läßt vermuten, dass dies schon Teil der „many lively discussions" bei seiner Deutschlandreise im Juli 1914 war.

Sommerfelds Erweiterung (1915)

Der Besuch Bohrs im Juli 1914 führte unter den Physikern in München nicht zu einer allgemeinen Akzeptanz des Bohrschen Atommodells. Manches sprach dafür, manches dagegen, und Bohr selbst scheint sich seiner Sache nicht allzu sicher gewesen zu sein, wenn er sich von neuen Experimenten erhoffte, dass sie „material for the critical examination of my speculations" erbrachten. Für Sommerfeld bestand jedenfalls kein Grund, seine Haltung zu revidieren, die er wenige Wochen vorher Langevin gegenüber bekundet hatte: „Offenbar ist sehr viel Wahres an Bohr's Modell; und doch meine ich, dass es noch gründlich umgedeutet werden muß, um zu befriedigen."

3.1 Eine Vorlesung über Spektrallinien

Dass er selbst diese Umgestaltung vornehmen würde, ahnte er zu diesem Zeitpunkt noch nicht. Der Ausbruch des Ersten Weltkriegs kurz nach Bohrs Besuch tat ein Übriges, um die Atomtheorie wieder in den Hintergrund zu drängen. Mit einem Alter von 45 Jahren rechnete Sommerfeld nicht damit, dass er zum Kriegsdienst an die Front eingezogen werden könnte, doch er hielt es für möglich, dass er als Leutnant der Reserve zum „Rekruten-Einexerzieren" abkommandiert werden könnte, wie er seiner Frau im August 1914 schrieb.[1] Vorläufig verzichtete man jedoch darauf, ihn einzuberufen. Bis zum Beginn des Wintersemesters 1914/15 wusste Sommerfeld nicht, ob er sich auf Kriegsdienst einstellen oder Vorlesungen vorbereiten sollte. „Nach dem, was ich persönlich auf dem Generalkommando erfuhr, scheint man keinen großen Wert auf meine Verwendung zu legen", schrieb er am 31. Oktober 1914 an Karl Schwarzschild. „Wenn man mich zu Hause lässt, ist es mir auch recht, da ich mich militärisch nie stark gefühlt habe."[2]

---

[1] An Johanna Sommerfeld, 26. August 1914. München, privater Sommerfeldnachlass.
[2] An Schwarzschild, 31. Oktober 1914. SUB (Schwarzschild 743). Auch in ASWB I.

A. Sommerfeld, *Die Bohr-Sommerfeldsche Atomtheorie*, Klassische Texte der Wissenschaft, DOI 10.1007/978-3-642-35115-0_3, © Springer-Verlag Berlin Heidelberg 2013

Als klar war, dass er doch nicht einberufen wurde, stellte er sich wieder auf den gewohnten Universitätsalltag ein. Wie üblich widmete er seine Spezialvorlesung dem Thema, das ihn auch gerade in seiner eigenen Forschung beschäftigte. In diesem Wintersemester war dies „Zeeman-Effekt und Spektrallinien".[3] Wie aus seiner Korrespondenz hervorgeht, wollte er in der Theorie, die Schwarzschild über den Zeemaneffekt zuletzt publiziert hatte [Schwarzschild, 1914b, Schwarzschild, 1914a], den „verzwickten Koppelungen" auf den Grund gehen.[4] Sein Versuch, Schwarzschilds Theorie zu verbessern, scheiterte jedoch gründlich. „Sie haben vollkommen Recht, mein Vorschlag war *Mist*", schrieb er nach ein paar Wochen erfolgloser Bemühungen.[5] Es ging ihm vor allem um eine physikalische Interpretation der „verzwickten Koppelungen", die Schwarzschilds Theorie ebenso wie die von Voigt kennzeichneten. Sommerfeld kam zu dem Schluss, dass man die in der Tradition von Lorentz und Voigt immer quasielastisch verstandenen Bindungen der Elektronen im Atom auch magnetisch umdeuten konnte: „magnetische und elastische Bindung sind nur in der Auffassung nicht in der Sache verschieden. Der Versuch der Deutung kann gern an die magnetische Auffassung anknüpfen."[6]

Bei seinen Bemühungen um den Zeemaneffekt wollte Sommerfeld auch die aktuellsten spektroskopischen Messungen berücksichtigen. Er wandte sich dazu wieder an Paschen, der ihm schon bei seinen ersten theoretischen Versuchen über den Paschen-Back-Effekt Einblicke in die Praxis der experimentellen Spektroskopie vermittelt hatte. „Sie werden beim Anblicke der komplizierten Zeeman-Typen wohl einen bösen Schrecken bekommen", so teilte Paschen im Dezember 1914 Sommerfeld die jüngsten Messungen aus seinem Tübinger Laboratorium mit.[7] Eine Woche später schrieb er Sommerfeld, dass der Abschluss der „langwierigen und mühsamen Messungen noch etwas Zeit erfordert", was angesichts der allgemeinen Lage – sein Mitarbeiter Back war zum Kriegsdienst eingezogen worden – sehr lange dauern konnte. „Aber jetzt ist eigentlich keine Zeit zu solchen Friedensbeschäftigungen. Wir sind hier zu allen möglichen kriegerischen Hilfsleistungen herangezogen, und mancher hat vor, noch den Waffenrock anzuziehen, um mitzufechten. Denn die Übermacht der Feinde erfordert den letzten Mann zur Verteidigung."[8]

Doch die „komplizierten Zeeman-Typen" waren für Sommerfeld nur eines von vielen ungelösten Rätseln, von denen er den vermutlich nicht sehr zahlreichen Hörern seiner Spektrallinien-Vorlesung in diesem Wintersemester berichtete. Ein anderes betraf die Aufspaltung der Spektrallinien im elektrischen Feld, – und hierüber hatte Stark im Oktober 1914 der Göttinger Akademie interessante Neuigkeiten mitgeteilt. Er konnte für die Balmer-Serie des Wasserstoffs zeigen, dass die Zahl der aufgespaltenen Komponenten mit

---

[3] Vorlesungsverzeichnis der Münchner Ludwig-Maximilians-Universität, Wintersemester 1914/15. http://epub.ub.uni-muenchen.de/1140/1/vvz_lmu_1914-15_wise.pdf.
[4] An Schwarzschild, 31. Oktober 1914. SUB (Schwarzschild 743). Auch in ASWB I.
[5] An Schwarzschild, 18. November 1914. SUB (Schwarzschild 743).
[6] An Schwarzschild, 30. November 1914. SUB (Schwarzschild 743).
[7] Von Paschen, 15. Dezember 1914. DMA, HS 1977–28/A,253.
[8] Von Paschen, 21. Dezember 1914. DMA, HS 1977–28/A,253.

der Laufzahl innerhalb der Spektralserie anwächst. Für Stark war dies ein Hinweis darauf, dass es im Wasserstoffatom nicht nur ein Elektron gibt, das durch ein angelegtes elektrisches Feld in Schwingungen versetzt wird, sondern viele. „Im nichtdeformierten Atom, so ist zu schließen, besitzen alle diese Elektronen dieselben Freiheitsgrade; auch ein magnetisches Feld deformiert nicht merklich das Atom, sondern legt die drei Freiheitsgrade aller gleichartigen Elektronen einer Linie qualitativ und quantitativ übereinstimmend auseinander; ein elektrisches Feld dagegen deformiert das Atom derartig, dass wenigstens für eine ganze Anzahl der Elektronen einer Serienlinie die Freiheitsgrade hinsichtlich der Frequenz und der Intensität von einander verschieden werden."[Stark, 1914b, S. 444]

Sommerfeld dürfte Starks Annahme von einer Vielzahl von Elektronen im Wasserstoffatom für völlig abwegig gehalten haben. Der experimentelle Befund über die wachsende Zahl aufgespaltener Komponenten innerhalb der Balmer-Serie jedoch elektrisierte ihn, denn er hielt am 16. Januar 1915 in seinem Kolloquium einen Vortrag über „Die Anzahl [der] Zerlegungen beim Starkeffekt des Wasserstoffs".[9] Die theoretischen Ansätze, die Warburg, Schwarzschild und Bohr für die Erklärung des Starkeffekts entwickelt hatten, lieferten für eine solche Zerlegung keinen Anhaltspunkt. Andererseits erschien Starks eigene Schlussfolgerung nicht so abwegig, wenn man sie auf das Verhalten eines einzigen Elektrons bezog und annahm, dass durch ein angelegtes elektrisches Feld mehrere, im feldlosen Zustand gleichberechtigte Bahnen auseinander fallen, dass also eine vorher bestehende Entartung aufgehoben wird. Damit deutete sich die Richtung an, in der das Bohrsche Atommodell zu erweitern war.

Einen weiteren Fingerzeig erhielt Sommerfeld von Paschen. Bei ihrer bisherigen Korrespondenz über die „komplizierten Zeeman-Typen" hatte immer die klassische Theorie Voigts im Zentrum gestanden, die zwar der Vielfalt der beobachteten Aufspaltungen annähernd gerecht wurde, jedoch nur schwer physikalisch plausibel interpretiert werden konnte. Im Februar 1915 ließ Paschen erkennen, dass er für eine Theorie der Spektrallinien eher dem Bohrschen Atommodell Chancen einräumte. „Auf Grund der Bohrschen Theorie hält Fowler es für möglich, dass dies Heliumlinien sind", berichtete er Sommerfeld über die immer noch nicht restlos geklärte Frage, ob es sich bei der Spektralserie mit der Linie 4686 Å um eine aus dem Rahmen fallende Wasserstoffserie oder um eine Serie des ionisierten Heliums handelt. „Die Frage ist noch offen und wird hier von einem meiner Schüler bearbeitet, der aber jetzt im Felde ist. Ich möchte Ihnen indessen mitteilen, dass Fowler's Linien auch nach unseren Versuchen wahrscheinlich Heliumlinien sind... Die Beweise dafür werden wir erst veröffentlichen, wenn alle Versuche beendet sind. Dies kann wegen des Krieges jetzt leider nicht geschehen."[10]

Vermutlich widmete Sommerfeld danach den Rest seiner Spektrallinien-Vorlesung ganz dem Bohrschen Atommodell und den Möglichkeiten, es so zu erweitern, dass sowohl die komplizierten Zeeman-Typen als auch die Zerlegungen beim Starkeffekt damit erklärt werden konnten. „Ich habe in diesem Semester über Bohr gelesen und bin äusserst dafür

---

[9] Physikalisches Mittwoch-Colloquium. DMA, 1997–5115.
[10] Von Paschen, 7. Februar 1915. DMA, HS 1977–28/A,253.

interessiert, soweit der Krieg es zulässt", schrieb er gegen Semesterende an Willy Wien.
„Die heutigen 100 000 Russen sind freilich noch schöner wie die Erklärung der Balmerschen Serie bei Bohr. Ich habe schöne neue Resultate dazu."[11]

Mit den „100 000 Russen" spielte Sommerfeld auf Nachrichten von der Ostfront an.
Bei der „Winterschlacht in Masuren" gerieten ca. 100 000 russische Soldaten in deutsche
Kriegsgefangenschaft. Physik und Krieg lagen in diesen Wochen und Monaten für Sommerfeld eng beisammen. Er widmete ab 1915 einen beträchtlichen Teil seiner physikalischen Arbeit der Kriegsforschung (siehe dazu ASWB I, S. 445–455). Wann er damit begann,
die Bohrsche Theorie im einzelnen zu erweitern, läßt sich anhand der erhaltenen Quellen
nicht genau festlegen, doch die ersten Schritte auf diesem Weg dürfte er gegen Ende seiner
Spektrallinien-Vorlesung getan haben. „Über Ihre Entdeckung zum Bohrmodell und Starkeffekt habe ich mich sehr gefreut und bin auf den weiteren Fortgang sehr gespannt", schrieb
ihm sein Assistent Wilhelm Lenz im April 1915 von der Front in Nordfrankreich auf einer
Feldpostkarte.[12] Sommerfeld hatte Lenz vermutlich zuvor geschrieben, dass er sich und seinen Zuhörern bei seiner Vorlesung die Aufspaltung der Spektrallinien beim Starkeffekt als
ein Auseinanderfallen von zuvor gleichberechtigten Bohrschen Bahnen plausibel gemacht
hatte. „Ich habe im vorigen Semester einen interessanten Ansatz für den Stark-Effekt aus
der Bohrschen Theorie der Wasserstofflinien gewonnen", schrieb Sommerfeld wenig später
auch an Willy Wien. „Es fehlt aber noch an der Durchführung, weil mir teils Probleme der
Kriegsphysik, teils ein Beitrag zur Elster-Geitel-Festschrift dazwischen gekommen sind."[13]
Sommerfelds Beitrag zur Elster-Geitel-Festschrift [Sommerfeld, 1915] trug den Titel „Die
allgemeine Dispersionsformel nach dem Bohrschen Modell", hatte jedoch nichts mit dem
Bohrschen Atommodell zu tun, sondern mit den Bohrschen Vorstellungen über den Aufbau von Molekülen. Diese waren ebenfalls Bestandteil der Bohrschen „Trilogie" aus dem
Jahr 1913, spielten jedoch für die Erweiterung der Bohrschen Theorie der Spektrallinien,
die Sommerfeld in diesem Wintersemester 1914/15 zu seinem Vorlesungsthema gemacht
hatte, keine Rolle.

Am 30. Mai 1915 erfuhr Sommerfeld aus einem Brief von Paschen, dass an der Zugehörigkeit der „Fowlerschen Linien" zum ionisierten Helium kein Zweifel mehr bestehen
könne. Aus seinem eigenen Labor gebe es allerdings kaum Neues zu berichten. „Durch den
Krieg ist hier leider ziemlicher Stillstand in wissenschaftlichen Dingen."[14] Auch Sommerfeld hatte in diesem Sommersemester 1915 wenig Zeit für die Arbeit an der Atomtheorie.
Hinzu kam, dass sich in diesen Monaten die Allgemeine Relativitätstheorie Einsteins als
neue Attraktion in den Vordergrund drängte. „Ich habe in diesem Semester Relativität,
zuletzt im Sinne der Einsteinschen letzten Berliner Arbeit, gelesen und bin sehr davon begeistert, fast so wie im vorigen Semester von Bohr", schrieb Sommerfeld an Schwarzschild

---

[11] An W. Wien, 22. Februar 1915. DMA, NL 56, 010. Auch in ASWB I.
[12] Von Lenz, 10. April 1915. DMA, NL 89, 059.
[13] An W. Wien, 3. Mai 1915. DMA, NL 56, 005. Auch in ASWB I.
[14] Von Paschen, 30. Mai 1915. DMA, HS 1977–28/A,253. Auch in ASWB I.

gegen Ende des Sommersemesters.[15] Dass er dann doch seine Erweiterung des Bohrschen Atommodells zu Papier brachte, dürfte durch „Neuere Arbeiten von Bohr" beschleunigt worden sein, über die Sommerfeld am 27. November 1915 im Kolloquium berichtete.[16] Wenige Tage zuvor hatte ihm Paschen geschrieben, dass er über die Spektralserien von Wasserstoff und Helium neue Experimente begonnen habe. „Schon jetzt sehe ich, dass Bohrs Theorie exact richtig ist abgesehen von der komplizierten Struktur der Linien 4686 etc."[17] Für diese Liniengruppe hatte Sommerfeld eine Erklärung. Vermutlich fürchtete er, dass ihm Bohr zuvorkommen würde, wenn er die im Wintersemester 1914/15 grob angedeutete Erweiterung des Bohrschen Modells nicht endlich ausarbeiten und publizieren würde. Jedenfalls bedankte sich Einstein kurz darauf für die „beiden Abhandlungen", die ihm Sommerfeld zugeschickt hatte[18] und die Sommerfeld bei den nächsten Sitzungen der mathematisch-physikalischen Klasse der Bayerischen Akademie der Wissenschaften präsentierte. „Gestern habe ich in der Akademie über die Balmer-Serie eine Arbeit vorgelegt", schrieb Sommerfeld am 5. Dezember 1915 an Willy Wien. „Ich sprach Ihnen schon neulich in Würzburg von den gequantelten Ellipsenbahnen; ich habe die Sache inzwischen weitergeführt."[19]

3.2 Quantenbedingungen

Auch wenn sich nicht mehr im einzelnen rekonstruieren lässt, wann Sommerfeld seine Erweiterung des Bohrschen Atommodells zu Papier gebracht hat, so sind die wichtigsten Etappen auf diesem Weg doch klar erkennbar. Der wesentliche Grundgedanke bestand darin, die Quantenbedingungen so zu modifizieren, dass jede stabile Bahn im Bohrschen Atommodell zu einem Bündel von gleichwertigen Bahnen wurde, die bei einer äußeren Störung auseinanderfallen und so die Aufspaltungen beim Stark- und Zeemaneffekt erklären würden. „Was ich mache? Augenblicklich Spektrallinien mit Volldampf und mit märchenhaften Resultaten", so beantwortete Sommerfeld die Frage von Schwarzschild nach dem Stand seiner Forschung. „Indem ich die Exzentrizität der Ellipsen quantele (ebenso wie den Umlauf), zeige ich, dass einem Serienterm $\frac{1}{m^2}$ genau m mögliche Bahnen entsprechen; die zugehörigen Schwingungszahlen fallen zusammen nach der gewöhnlichen Mechanik, differieren aber etwas nach der Relativität."[20]

Die Erweiterung von Kreisbahnen auf Ellipsenbahnen hatte schon Bohr erwogen, ebenso die Einbeziehung der Relativitätstheorie. Dies war Teil der neueren Arbeiten, über die

[15] An Schwarzschild, 31. Juli 1915. SUB (Schwarzschild 743). Auch in ASWB I.
[16] Physikalisches Mittwoch-Colloquium. DMA, 1997–5115. Vermutlich diskutierte er darin [Bohr, 1915].
[17] Von Paschen, 24. November 1915. DMA, HS 1977–28/A,253. Auch in ASWB I.
[18] Von Einstein, 28. November 1915. DMA, HS 1977–28/A,78. Auch in ASWB I.
[19] An W. Wien, 5. Dezember 1915. DMA, NL 56, 010. Auch in ASWB I.
[20] An Schwarzschild, 28. Dezember 1915. SUB (Schwarzschild 743). Auch in ASWB I.

Sommerfeld am 27. November 1915 im Kolloquium vermutlich berichtet hatte. Aber Bohr hatte damit keine Revision seines Quantenansatzes verbunden. Für Sommerfeld bestand jedoch gerade darin der Schlüssel für die Erweiterung des Bohrschen Atommodells. Bohr hatte mit einer einzigen Quantenbedingung für den Drehimpuls die stationären Elektronenbahnen bestimmt, zwischen denen die Übergänge der Balmerserie stattfinden. Sommerfeld führte stattdessen Quantenbedingungen für die Freiheitsgrade ein, die eine Keplerbewegung charakterisieren.

Sommerfeld bezog sich dabei auf einen Quantenansatz, den Planck beim Solvaykongress 1911 eingeführt hatte. Planck hatte das Gesetz für die Strahlung des Schwarzen Körpers mit einer Quantisierung des Phasenraums in einen Zusammenhang gebracht. „Die Wahrscheinlichkeit einer stetig veränderlichen Größe lässt sich nur dadurch finden, dass man zurückgeht auf die von einander unabhängigen Elementargebiete gleicher Wahrscheinlichkeit", so begann Plancks Argumentation. Nach dem Liouville'schen Satz der statistischen Mechanik seien die Wahrscheinlichkeiten zweier physikalischer Zustände, die den Hamiltonschen Bewegungsgleichungen mit den verallgemeinerten Orts- und Impulskoordinaten q und p gehorchen, gleich groß, wenn „das in irgend einem Zeitpunkt beliebig herausgegriffene Gebiet $\iint dq dp$ invariant in bezug auf die Zeit" ist. Wenn die „Elementargebiete gleicher Wahrscheinlichkeit" von der Größe $dq dp$ unendlich klein werden könnten, dann ergebe sich nach diesem Verfahren aber immer das klassische Jeanssche Strahlungsgesetz. Diese Konsequenz lasse sich vermeiden, wenn man bereit sei „gewisse prinzipielle Beschränkungen hinsichtlich der zulässigen Werte der Variabeln q und p einzuführen [...] Die Hypothese der elementaren Wirkungsquanten vollzieht diesen Schritt, indem sie die Größe des Elementargebietes der Wahrscheinlichkeit nicht mehr unendlich klein, sondern als endlich voraussetzt: $\iint dq dp = h$." Damit gelange man zur richtigen Strahlungsformel [Planck, 1914, S. 81–82].

Bei den verallgemeinerten Koordinaten in der Ableitung der Planckschen Strahlungsformel handelte es sich um die eines eindimensionalen harmonischen Oszillators, so dass sich kein Bezug zwischen den Planckschen Oszillatoren und dem Bohrschen Atommodell ergab. „In der Zustandsebene der q, p beschreibt der Resonator eine Ellipse", so knüpfte Sommerfeld an die Plancksche Argumentation an. „Von dem hiernach bestimmten System ähnlicher Ellipsen werden in der ursprünglichen Fassung der Quantentheorie diejenigen Ellipsen als allein mögliche Zustandskurven hervorgehoben, die zwischen sich den Flächeninhalt h einschließen. Für die Energie W dieser ausgezeichneten Ellipsen gilt $W = nh\nu$, d. h. die Vorstellung der Energieelemente $h\nu$ folgt für den linearen Resonator aus der Forderung der endlichen Phasenelemente h." Diese Vorstellung übertrug er auf die Keplerbewegung. „Wir denken uns in der p, q-Ebene die Bildkurven einer einfach unendlichen Schar von Bahnkurven konstruiert und betrachten die Fläche zwischen irgend zweien der Bildkurven. Sind die Bildkurven geschlossene, wie beim Resonator, so ist die Fläche direkt definiert... Innerhalb der unendlichen Schar unserer Bildkurven zeichnen wir nun eine diskrete Menge aus durch die Forderung, daß die Fläche zwischen der $n - 1$-ten und der n-ten dieser Kurven gleich h sein soll." Er gelangte auf diesem Weg zu den Quantisierungsbedingungen:

$$(I) \qquad \int p_n dq = nh \, . \tag{3.1}$$

„Die links stehende Größe nennen wir das Phasenintegral. Es ist nur definiert für periodische oder quasiperiodische Bahnen." (A1, S. 427–429).

Mit dieser Übertragung der Quantisierungsbedingungen von den Planckschen Oszillatoren auf die Keplerbewegung stellte Sommerfeld auch klar, dass es sich dabei um eine ganz andere Art der Quantisierung handelte als bei seiner h-Hypothese aus dem Jahr 1911. Die Integrale der h-Hypothese besaßen zwar eine formale Ähnlichkeit mit den Phasenintegralen, doch die damit assoziierte Physik war eine andere. Am Ende seines ersten Akademieberichts wies Sommerfeld selbst auf diesen Unterschied hin. Was er früher „in diesen Berichten bei Untersuchungen über γ- und Röntgenstrahlen vorgeschlagen" habe, sei von der „gegenwärtigen Quantenbeziehung" in mehrfacher Hinsicht verschieden. Seine aktuelle Theorie sei „im wesentlichen auf periodische Bewegungen" beschränkt. Außerdem führe die jetzige Theorie zu quantisierten Energiewerten, während die h-Hypothese keine diskreten Energiewerte lieferte, sondern nur dazu diente, eine unbekannte Größe wie die Bremsdauer zu bestimmen, die für die Energieberechnung benötigt wurde (A1, S. 458).

Mit der Quantisierungsvorschrift (I) ergab sich auch die Erweiterung auf mehrere Freiheitsgrade. Im Bohrschen Modell erfolgte nur eine Quantisierung des Drehimpulses. Sommerfeld quantisierte die relevanten Freiheitsgrade der Keplerwegung, also die azimutale Bewegung (Änderung von φ) *und* die radiale Bewegung (d. h. die Änderung des Abstands r vom Kern, also die Exzentrizität). Beide Freiheitsgrade sollten für einen Umlauf je einer Quantenbedingung gehorchen. Nach (I) ergab sich dafür der Quantenansatz:

$$\int p_\varphi d\varphi = nh$$
$$\int p_r dr = n'h$$

wobei die Integration jeweils über einen vollen Umlauf gehen sollte. Würde sich der Abstand nicht ändern, so reduzierte sich die Quantisierung auf den Drehimpuls in der Kreisbewegung, wie sie Bohr im ersten Teil seiner Trilogie vorgenommen hatte.

3.3 Die Keplerbewegung

Der nächste Schritt auf dem Weg zur Erweiterung des Bohrschen Atommodells bestand in der Berechnung der Energie, die einem Elektron bei seinem, nun nicht mehr nur kreisförmigen Umlauf um den Atomkern zukam. Sommerfeld fand für die Gesamtenergie $W = T + V$, (T = kinetische Energie, V = potentielle Energie der Bewegung auf einer elliptischen Umlaufbahn mit der Exzentrizität ϵ) (A1, S. 434)

$$W = -\frac{me^4}{2p^2}(1 - \epsilon^2) \, ,$$

wobei p die Flächenkonstante der Keplerbewegung ($p = mr^2 \frac{d\varphi}{dt}$) bedeutet. Eine Quantelung des Drehimpulses ($2\pi p = nh$) hätte

$$W_n = -\frac{2\pi^2 m e^4}{h^2 n^2}(1 - \epsilon_n^2) = -Nh\frac{1 - \epsilon_n^2}{n^2}$$

zur Folge (N = Rydbergkonstante). Die Exzentrizität ϵ_n wäre jedoch keine diskrete Größe, sondern könnte bei gleicher Flächenkonstante p_n kontinuierlich variieren. Dann würde auch die Differenzenergie zweier Keplerbahnen keine diskreten Frequenzen, sondern ein Kontinuum ergeben. Daraus ergab sich für Sommerfeld „unabweislich die Forderung, auch die Exzentrizitäten quantenhaft zu arithmetisieren und an gewisse ganzzahlige Werte zu binden." (A1, S. 435) Er erfüllte diese Forderung, indem er neben dem Drehimpuls auch das Phasenintegral für die Radialbewegung quantisierte ($\int p_r dr = n'h$). Damit wurde die Gesamtenergie des Elektrons auf seiner stabilen Bahn um den Atomkern von zwei Quantenzahlen abhängig:

$$W_{n,n'} = -\frac{2\pi^2 m e^4}{h^2}\frac{1}{(n + n')^2} = -Nh\frac{1}{(n + n')^2}.$$

Sommerfeld fand dieses Ergebnis „im höchsten Grade überraschend und von schlagender Bestimmtheit. Nicht nur sind die weiterhin zulässigen Energiewerte ganzzahlig diskret geworden, sondern es hat sich der frühere Nenner n^2 gerade herausgehoben, derart, daß das Resultat nur noch von $n + n'$ abhängt. Die Energie ist also eindeutig bestimmt durch die Summe der Wirkungsquanten, die wir auf die azimutale und die radiale Koordinate beliebig verteilen können." (A1, S. 439). An die Stelle der Serienformel im Bohrschen Atommodell

$$\nu = N\left(\frac{1}{n^2} - \frac{1}{m^2}\right)$$

trat nun die verallgemeinerte Formel

$$\nu = N\left(\frac{1}{(n + n')^2} - \frac{1}{(m + m')^2}\right).$$

Damit hatte Sommerfeld auf ganz andere Weise abgeleitet, was allgemein als Vorzug des Bohrschen Atommodells galt, nämlich dieselbe Formel für die „diskreten Balmerlinien, aber in außerordentlich vervielfachter Mannigfaltigkeit ihrer Erzeugungsmöglichkeiten." (A1, S. 440) Er zeigte ferner, dass man sein Verfahren auch anwenden konnte, wenn die Kernmasse gegenüber der des Elektrons nicht als unendlich groß angenommen wurde und sich Atomkern und Elektron um ihren gemeinsamen Schwerpunkt bewegten (A1, S. 440–444). Außerdem bestärkten ihn die verschiedenen Realisierungsmöglichkeiten für das Zustandekommen der Balmerlinien in der Auffassung, dass die experimentell beobachteten Spektrallinien „eine ziemlich komplizierte Überlagerung verschiedener diskreter Vorgänge" darstellten (A1, S. 448).

Die Bestätigung dafür erhoffte er sich von einer Anwendung seiner Theorie auf den Starkeffekt, da ein äusseres elektrisches Feld „die verschiedenen Ellipsenbahnen in verschiedener Weise beeinflussen und daher die ursprünglich zusammenfallenden Frequenzen auseinanderlegen" würde (A1, S. 449). Die verallgemeinerte Balmerformel zeigte, in wie viele Komponenten die Wasserstofflinien H_α, H_β, usw. maximal zerlegt werden konnten, und dass die Zahl dieser Zerlegungen mit der Laufzahl anwuchs. Aber Sommerfeld blieb die „genauere theoretische Deutung und die Größenbestimmung der Verschiebung für die einzelnen Komponenten" schuldig. Er scheiterte an der „Schwierigkeit, den Quantenansatz auf nicht-periodische Bahnen auszudehnen. Die Berechnung der durch das elektrische Feld deformierten Bahnen führt auf elliptische Integrale und läßt sich übersichtlich durchführen; aber eine naturgemäße quantenhafte Heraushebung eines Systems ausgezeichneter Bahnen aus der Schar der mechanisch möglichen ist mir bisher nicht gelungen" (A1, S. 451).

Eine andere Schwierigkeit betraf die Frage, wie der Ansatz auf die Serienspektren von anderen Elementen anzuwenden sei. Sommerfeld argumentierte, dass dann an die Stelle des Terms $\frac{1}{(n+n')^2}$ in der Serienformel eine allgemeinere „von der Atomkonstitution abhängige Funktion zweier ganzer Zahlen $\varphi(n, n')$ treten" würde, da der einfache Term „eine Besonderheit des Keplerschen Bahnsystems" sei. In diesem Zusammenhang deutete Sommerfeld auch an, dass man bei Atomen mit mehreren Elektronen nicht mehr von ebenen Keplerbahnen ausgehen könne. „Hier wird als dritte Koordinate z erforderlich. Wir müssen daher auch ein Phasenintegral für die z-Koordinate ins Auge fassen. Zu den Quantenzahlen n, n' tritt dann eine dritte ganze Zahl n''." (A1, S. 453) Damit zeichnete sich auch schon die Raumquantisierung ab, obwohl Sommerfeld hier wie beim Starkeffekt die Durchführung der Theorie schuldig blieb.

Im letzten Abschnitt seiner ersten Akademieabhandlung behandelte Sommerfeld die Frage, welche Koordinaten für die Quantisierung von Phasenintegralen die geeigneten sind. Bei der Behandlung der Keplerbewegung war die Wahl von Polarkoordinaten naheliegend. Bei Verwendung von kartesischen Koordinaten wäre die Quantisierung von Phasenintegralen „sinnlos, weil von der besonderen Lage des Koordinatensystems der xy abhängig." (A1, S. 456) Sobald die Bahnform nicht mehr „Keplersch" war, musste vor der Quantisierung die Frage nach den „richtigen" Koordinaten geklärt werden. Dies stellte für die Bohr-Sommerfeldsche Atomtheorie, wie sich bald zeigen sollte, ein grundsätzliches Problem dar (siehe Kap. 4).

3.4 Relativistische Erweiterung

Solange Sommerfeld keine greifbaren Belege für die verallgemeinerte Balmerformel liefern konnte, musste seine Theorie gegenüber dem Bohrschen Atommodell wie eine zwar sehr interessante, aber eigentlich unnötige Erweiterung erscheinen. Solche Belege konnten nur erbracht werden, wenn es gelang, die Zerlegung zu berechnen, in die eine Spektrallinie zerfallen würde, wenn die in dem Term $\frac{1}{(n+n')^2}$ enthaltene Entartung aufgehoben würde. Dies machte Sommerfeld zum Inhalt seiner zweiten Akademieabhandlung. Die gesuchten Belege kämen „aus den unscheinbarsten Ergebnissen der Spektroskopie", so leitete er diese am 8. Januar 1916 der Akademie vorgelegte Abhandlung ein, „aus dem Auftreten feiner Dubletts und Tripletts, welche nur den Apparaten mit stärkstem Auflösungsvermögen zugänglich sind." (A2, S. 459)

Schon Bohr hatte versucht, die Dubletts im Wasserstoffspektrum als einen relativistischen Effekt zu beschreiben, der zu einer geringfügigen Abweichung der Kreisbahn führte [Bohr, 1915]. Die grundsätzlich andere Art der Quantisierung, mit der Sommerfeld zu der verallgemeinerten Serienformel gelangt war, legte jedoch für die relativistische Erweiterung ein ganz anderes Vorgehen nahe: Für Sommerfeld handelte es sich nicht um Ellipsen, die nur wenig von der Kreisbahn abwichen, sondern um Ellipsen großer Exzentrizität, so dass ein Elektron auf solch einer elliptischen Bahn dem Kern sehr nahe kommen konnte. In Kernnähe würde das Elektron auf hohe Geschwindigkeiten beschleunigt werden, so dass schon aus diesem Grund die Berücksichtigung der Relativitätstheorie notwendig erschien.

Der erste Schritt der relativistischen Erweiterung bestand darin, die Keplerbewegung nach den Gesetzen der speziellen Relativitätstheorie neu zu berechnen. Bei der relativistischen Keplerbewegung war die Bahn eines Elektrons nicht mehr geschlossen. Die Abweichung von der nicht-relativistischen Keplerbewegung kam in einer Größe γ (A2, S. 463) zum Ausdruck, die im nicht-relativistischen Grenzfall gegen 1 strebte und Sommerfeld als Maß für die Periheldrehung diente. „Die Bahn ist also eine Ellipse, die sich langsam dreht", so fasste er diesen Teil seiner Berechnung zusammen. Die Resultate dieser Berechnung betrafen den Winkel, um den sich das Perihel bei jedem Umlauf dreht und die Gesamtenergie der „relativistischen Keplerellipse" (A2, S. 463–465).

Im zweiten Schritt ging es um die Quantisierung dieser, jetzt nun nur noch quasiperiodischen Bewegung. Das Phasenintegral für den radialen Abstand war davon nicht betroffen, aber bei der azimutalen Bewegung musste die Periheldrehung der relativistischen Keplerellipse berücksichtigt werden. Dies führte zu einem Wert für die Gesamtenergie $W_{n,n'}$, der jetzt auf eine recht verwickelte Art und Weise von n und n' abhing. An die Stelle von $\frac{1}{(n+n')^2}$ trat $\frac{1}{(n\gamma^2+n')^2}$. „Es ist also nicht mehr die reine Quantensumme $n + n'$, die den Energieausdruck bestimmt, sondern es kommt wegen des (von 1 wenig verschiedenen Faktors γ^2) auch auf die Einzelwerte von n und n' an" (A2, S. 466).

Dieses Auseinanderfallen der Quantensumme bedeutete eine Aufspaltung von Energiewerten. Jede Linie der Balmerserie sollte also bei genauer Betrachtung in ein Bündel von Linien auseinanderfallen. Die Größenordnung dieser „Feinstrukturaufspaltung" wurde durch die relativistische Korrektur, d. h. durch die Größe $(1 - \gamma^2)$ bestimmt. Die quantisierten Energiewerte der relativistischen Keplerbewegung ließen sich jedoch nicht in geschlossener Form angeben. Sommerfeld konnte dafür nur eine ziemlich verwickelte Reihenentwicklung angeben. Er führte eine dimensionslose Größe $\alpha = \left(\frac{\pi e^2}{hc}\right)^2$ ein, die den Weg zu einer numerischen Auswertung ebnete (A2, S. 469–471). Dabei handelte es sich noch nicht um die „Feinstrukturkonstante", doch dieser Abschnitt der Sommerfeldschen Akademieabhandlung fungierte als der entscheidende Auslöser für ihre spätere Einführung (siehe Kap. 4).

3.5   Testfall: Die Spektrallinien des ionisierten Heliums

Der Rest dieser zweiten Abhandlung war den experimentell überprüfbaren Folgerungen gewidmet, die sich mit der relativistischen Aufspaltung der Energiewerte ergab. Nach Sommerfelds Theorie spaltete sich schon der Bohrsche Serienterm mit der Quantenzahl $n = 2$ in zwei Terme mit den Quantenzahlen $n = 2, n' = 0$ und $n = 1, n' = 1$ auf, so dass sich der Energieunterschied $W_{2,0} - W_{1,1}$ bei allen Spektrallinien, die zu diesem Term gehörten, zeigen sollte (A2, S. 473 und 479). H_α, H_β u. s. w., die Übergängen zu diesem Term entsprachen, sollten sich als Dubletts erweisen, und bei den höheren Serienlinien sollten sich noch komplexere Feinstrukturen zeigen. Die relativistischen Energieterme, und damit auch die Termdifferenz $W_{2,0} - W_{1,1}$, ließen sich jedoch nur in Form einer Potenzreihe angeben. In niedrigster Ordnung ergab sich der zu dieser Termdifferenz gehörige Frequenzunterschied des Wasserstoff-Dubletts zu

$$\Delta v_H = \frac{N\alpha B}{2^4},$$

wobei B eine Integrationskonstante darstellte (A2, S. 463), die erst mit der Berechnung der Phasenintegrale einen bestimmten Wert erhielt. Sommerfeld fand dafür je nach Wahl der Integrationsgrenzen bei den Phasenintegralen $B = 8$ bzw. $B = 3,6$. Diese „Unstimmigkeit" sei „ein ernstlicher Einwand gegen die derzeitige Form unserer Theorie", gab er zu, „aber nicht gegen die Theorie selbst. Sie weist auf eine Unvollkommenheit hin, die aber im folgenden nicht stören wird, wenn wir die weiteren Angaben stets auf den theoretischen Wert von Δv_H beziehen und in diesem den Koeffizienten B erfahrungsgemäß korrigiert denken." (A2, S. 479–480).[21]

Die experimentelle Bestimmung von Δv_H erhoffte sich Sommerfeld von Paschen, der ihm zuvor schon bei der Frage nach den komplexen Zeeman-Aufspaltungen ein Gefühl für die Schwierigkeiten von spektroskopischen Messungen vermittelt hatte. Die Spektrallinien zeigten sich selbst bei Verwendung von hochauflösenden Gittern immer als mehr oder weniger verwaschene Gebilde. „Buisson und Fabry haben zur Verringerung der Doppler-Verbreiterung Wasserstoffröhren in flüssige Luft getaucht und dann interferometrisch untersucht. Das dürften die besten Experimente sein. Sie finden H_α doppelt", bestätigte Paschen zunächst Sommerfelds Erwartung. Auch er selbst habe schon „H_α und H_β als Doppellinien photographiert", fügte Paschen hinzu, beeilte sich aber klarzustellen, dass diese Messungen „sämtlich unbefriedigend" seien, da die Doppler-Verbreiterung immer für eine Unschärfe sorge. Auch sei unklar, ob „die Duplicität nicht die Folge irgend welcher be-

---

[21] Sommerfeld führte die Berechnung mit „absichtlich unbestimmt geschriebenen" (A2, S. 470) Integrationskonstanten durch, da er sich bei der Integrationsgrenze des azimutalen Phasenintegrals für quasiperiodische Bahnen nicht festlegen wollte (A2, S. 472). Diese Unsicherheit wurde erst durch Schwarzschild beseitigt. Sommerfeld nahm dazu in seiner Nachschrift Stellung, wo er $B = 4$ fand (A2, S. 499). In seiner „geläuterten" Darstellung der Theorie taucht diese „Unstimmigkeit" nicht mehr auf [Sommerfeld, 1916a, S. 7].

kannter oder unbekannter Effecte (Starkeffect z. B., wie auch Bohr als möglich annimmt)" sei.[22]

Noch deutlicher als beim Wasserstoff sollte sich die Feinstruktur beim ionisierten Helium zeigen. Da sich nach der Bohrschen Theorie die Serienformel auch auf das ionisierte Helium und andere wasserstoffähnliche Atome anwenden liess, sofern man im Vorfaktor die Kernladung berücksichtigte, war es auch für Sommerfelds Erweiterung naheliegend, die Feinstrukturaufspaltung in Abhängigkeit von der Kernladung anzugeben. Die entsprechende Formel für die Dublettaufspaltung bei Atomen der Kernladung E lautete (A2, S. 473):

$$\Delta \nu = \Delta \nu_H \left(\frac{E}{e} \right)^4 .$$

Die Spektrallinie des ionisierten Heliums mit der Wellenlänge $\lambda = 4686$ Å erschien als geeigneter Kandidat für den experimentellen Nachweis dieser Formel. „4686 sieht so aus", erklärte Paschen die Feinstruktur dieser Spektrallinie mit einer Skizze. „Ich schließe, dass die complicierte Structur durch den Term $\frac{4N}{3^2}$ bedingt ist, und nehme dazu an, dass der Bohrsche Helium-Nucleus räumlich compliciert angeordnet ist, sodass diese 3te Bohrsche Electronenbahn durch diese Compliciertheit schon merklich afficiert ist, die höher nummerierten Bahnen aber nicht mehr merklich. Das würde dazu führen, dass der Term $\frac{4N}{2^2}$, der der zweiten Bahn entspricht, noch complicierter und weiter aufgespalten sein muss. Danach zu forschen, wäre also sehr interessant. Ohne Krieg wäre das längst in Arbeit."[23]

Nach Sommerfelds Theorie rührte die Feinstruktur-Aufspaltung jedoch nicht von der komplizierten räumlichen Anordnung des Heliumkerns her, sondern von der relativistischen Keplerbewegung. Er erläuterte Paschen den Unterschied zwischen diesen beiden Auffassungen und machte dies auch mit quantitativen und experimentell überprüfbaren Vorhersagen deutlich: „Sie werden dies besser prüfen können wie ich; ich werde natürlich sehr gern in jeder Weise dabei mitwirken."[24] Paschen bedankte sich postwendend für Sommerfelds „hoch interessanten Brief. Also wäre die ‚Unstimmigkeit' theoretisch gefordert! Es geht doch nichts über eine feine Theorie! Diese kleinen Differenzen experimentell sicher zu stellen, wäre sehr schwer. Es würden immer Zweifel bleiben. Jetzt aber sind sie mit einem Mal sehr wahrscheinlich. Die Zahlen werden übrigens noch etwas andere."[25] Dass er diese experimentelle Bestätigung seiner Theorie im Briefwechsel mit Paschen erhalten hatte, betonte Sommerfeld auch in seiner Akademieabhandlung: „Über die Zahlen seiner Messungen wird Herr Paschen demnächst selbst berichten. Es sei bemerkt, daß Beobachtung und Theorie unabhängig voneinander vorgegangen und nur durch einen Briefwechsel in Verbindung gebracht worden sind." (A2, S. 484)

---

[22] Von Paschen, 12. Dezember 1915. DMA, HS 1977–28/A,253. Auch in ASWB I. Zur Frage des Dubletts bei den Wasserstofflinien siehe insbesondere [Robotti, 1986].

[23] Von Paschen, 12. Dezember 1915. DMA, HS 1977–28/A,253. Auch in ASWB I.

[24] An Paschen, 29. Dezember 1915. Briefentwurf. DMA, HS 1977–28/A,253. Auch in ASWB I.

[25] Von Paschen, 30. Dezember 1915. DMA, HS 1977–28/A,253. Auch in ASWB I.

Beim Vergleich von Theorie und Experiment stellte sich auch die Frage, welche der zahlreichen, theoretisch möglichen Feinstruktur-Aufspaltungen tatsächlich beobachtet wurden. Sommerfeld konnte mit seiner Theorie nur die Frequenz bzw. die Wellenlänge einer Spektrallinie angeben, nicht ihre Intensität. In diesem Punkt behalf er sich mit einer Plausibilitätsbetrachtung: „Wir werden annehmen, daß immer die Kreisbahn die wahrscheinlichste und daß jeweils die Ellipsenbahn um so unwahrscheinlicher ist, je größer ihre Exzentrizität wird. Im Besonderen stimmt damit überein, daß wir die Ellipse mit der Exzentrizität 1, welche $n' = 0$ entsprechen würde, grundsätzlich ausgeschlossen, also mit der Intensität Null veranschlagt haben. Unsere Annahme über die Intensitäten ist eine naheliegende Zusatzhypothese und wird durch die Tatsachen durchweg bestätigt; mit unserer Theorie, die nur von der Lage der Linien spricht, steht sie naturgemäß in keinem notwendigen Zusammenhange." (A2, S. 473) Sommerfeld war, wie sich zeigen sollte, in dieser Hinsicht viel zu optimistisch. Die Berechnung der Intensität wurde zu einer andauernden Herausforderung auf dem Weg zur Quantenmechanik.

3.6 Testfall: Röntgenspektren

Im letzten Abschnitt seiner Akademieabhandlung wandte Sommerfeld die Feinstrukturtheorie auf Röntgenspektren an (A2, S. 490–498). Dies wird erst verständlich, wenn man sich die rasante Entwicklung der Röntgenspektroskopie vor Augen hält, die nach den Entdeckungen der Röntgeninterferenz an Kristallen von Max von Laue, Walter Friedrich und Paul Knipping und ihrer Anwendung durch William Henry Bragg und seinen Sohn William Lawrence Bragg im Jahr 1912 einsetzte [Forman, 1969, Eckert, 2012, Jenkin, 2001]. Henry Moseley hatte 1913 für die Emission von Röntgenstrahlen verschiedener Elemente ein einfache Formel gefunden, die ähnlich wie die Balmerformel aufgebaut war und wie diese eine Interpretation im Rahmen des Bohrschen Atommodells nahelegte [Moseley, 1913, Moseley, 1914]. Röntgenspektren, die aus Vielelektronenatomen emittiert wurden, ließen sich jedoch nicht ohne weiteres mit den Elektronenübergängen in Wasserstoff oder wasserstoffähnlichen Atomen des Bohrschen Atommodells begründen. Erst Walter Kossel lieferte mit einer Analyse von Experimenten über die Absorption von Röntgenstrahlen den entscheidenden Hinweis, wie das Bohrsche Atommodell mit den Röntgenspektren in einen Zusammenhang zu bringen war. Kossel zeigte, dass ein Atom vor der Emission von Röntgenstrahlen ein Elektron aus einem inneren Elektronenring verliert; beim Auffüllen der Lücke durch einen Elektronenübergang aus einem äußeren Ring kommt es dann zur Aussendung der Röntgenstrahlen. Damit lag die Analogie zwischen den Röntgenspektren und den Spektralserien bei Wasserstoff- und Wasserstoff-ähnlichen Atomen auf der Hand [Heilbron, 1966, Heilbron, 1967].

Sommerfeld fasste die wichtigsten empirischen Befunde über Röntgenspektren auf zwei Druckseiten zusammen, bevor er seine Feinstrukturtheorie darauf anwandte. Den letzten und für ihn wichtigsten Hinweis entnahm er der Doktorarbeit von Ivar Malmer, einem Schüler des schwedischen Röntgenspektroskopikers Manne Siegbahn. Malmer hatte von

Abb. 3.1 Walter Kossel (DMA NL 89, 056)

einer Reihe von Elementen die Röntgenspektren gemessen und jeweils gefunden, dass die stärkste Linie der K-Serie (K_α) von einer schwächeren Linie begleitet wird. „Wir sprechen also von dem K-Dublett und nennen seine Schwingungsdifferenz $\Delta \nu$", so benannte Sommerfeld diesen Befund (A2, S. 491). Die „Dissertation von Malmer betr. Röntgenspektren" war auch Gegenstand eines Vortrages von Kossel am 22. Dezember 1915 im Sommerfeldschen Kolloquium.[26] Kossel folgerte danach, dass es ein solches Dublett auch in der L-Serie geben sollte. „Unsere Theorie erlaubt nun aber, nicht nur Existenz und Gleichheit der K- und L-Dubletts, sondern auch ihre Größe vorher zu sagen," so ging Sommerfeld noch einen Schritt weiter. Der Dublett-Charakter sollte wie beim Wasserstoff ein relativistischer Effekt sein und durch die Formel

$$\Delta \nu = \Delta \nu_H \left(\frac{E}{e} \right)^4 .$$

gegeben sein (A2, S. 493). Der direkte Vergleich mit der Moseleyschen Formel ergab, dass sich die Röntgendubletts nur durch den „Vergrößerungsfaktor" $(Z-1)^4$ vom Wasserstoff-Dublett $\Delta \nu_H$ unterscheiden sollten (Z = Kernladungszahl). Sommerfeld stellte diese Folgerung seiner Theorie auch in einer Abbildung dar, in der er die von Malmer gefundenen K-Dubletts als Funktion von Z eintrug. „Durch die Beobachtungswerte kann man ohne

---

[26] Physikalisches Mittwoch-Colloquium. DMA, 1997–5115.

Zwang eine Kurve hindurch legen, welche sich durchweg in der Nähe des Wasserstoffwertes $\Delta \nu_H$ = 0,31 hält. Unsere Regel ist also exakt bestätigt." (A2, S. 494)

Wie sehr ihn diese Konsequenz seiner Feinstrukturtheorie begeisterte, zeigt sich auch in der Art und Weise, wie er Schwarzschild in einem Brief darüber berichtete: „Dieselben Verhältnisse wie beim Wasserstoff liegen bei den K- und L-Serien der X-Strahlen [= Röntgenstrahlen] vor; der betreffende Term heißt hier $\frac{(Z-1)^2}{2^2}$, Z = Nummer des Elementes im natürlichen System der Elemente. Die Dublets sind hier wegen des Faktors $(Z-1)^2$ außerordentlich vergrößert. Ich zeige, dass für alle Elemente von Z = 20 bis Z = 60, wo Beobachtungen vorliegen $\frac{\Delta \nu}{(Z-1)^4}$ = $\Delta \nu_H$! $\Delta \nu$ = Schwingungsdifferenz der Röntgendublets, $\Delta \nu_H$ = Schwingungsdifferenz der Wasserstoffdublets."[27]

Am Ende betrachtete Sommerfeld seine Formel für die Röntgendubletts auch als ein Mittel, um „das minutiöse Wasserstoff-Dublett" genauer zu bestimmen. Auf dem Gebiet der Röntgenspektroskopie sei es „trotz seiner einstweilen noch wenig ausgebildeten Meßtechnik, viel genauer möglich, die zweifache Natur der Quantenbahnen des Terms $\frac{1}{2^2}$ festzustellen, als bei der direkten Beobachtung der Wasserstoff-Dubletts. Man könnte geradezu sagen, daß man den genauesten Wert für das Wasserstoff-Dublett erhält durch Messung der Schwingungsdifferenz von L_β und L_α bei Platin oder Gold." (A2, S. 498)

---

[27] An Schwarzschild, 28. Dezember 1915. SUB (Schwarzschild 743). Auch in ASWB I.

Der weitere Ausbau des Bohr-Sommerfeldschen Atommodells (1916)

4

Sommerfeld war sich der Bedeutung seiner Theorie ebenso bewusst wie mancher Unzulänglichkeiten, die darin noch enthalten waren. Die Publikationen in den Sitzungsberichten der Bayerischen Akademie der Wissenschaften stellten mit den Datierungen „Vorgetragen in der Sitzung am 6. Dezember 1915" und „Vorgetragen in der Sitzung am 8. Januar 1916" zunächst die Priorität für seine Erweiterung der Bohrschen Theorie sicher. Mit einer „Nachschrift bei der Korrektur, 10. Februar 1916" gab er zu erkennen, dass er sich auf dem Weg zu einer Erweiterung der Bohrschen Theorie mit keinem Geringeren als Max Planck ein Wettrennen lieferte. „Die inzwischen von Hrn. Planck veröffentlichte Strukturtheorie des Phasenraumes (D. physik. Gesellschaft, 1915, pag. 407 und 438) deckt sich in ihrer Anwendung auf das Coulombsche Gesetz (Berliner Akademie, 16. Dezember 1915) vollständig mit meiner die Phasenintegrale betreffenden Forderung", so wies er auf Plancks jüngste Publikationen zur Phasenraumquantelung [Planck, 1915a, Planck, 1915b, Planck, 1915c] hin. Er beeilte sich aber, den besonderen Unterschied der konkurrierenden Theorien herauszustellen: „Die Auffassung der Balmerschen Serie dagegen ist bei Planck und mir grundsätzlich verschieden; soviel ich sehe, kann die Plancksche Auffassung keine Rechenschaft geben von den Multiplizitäten der Spektrallinien, im Besonderen nicht von den Wasserstoff-Dubletts." (A2, S. 498–499)

4.1 Plancks Quantelung des Phasenraumes

Tatsächlich wusste Sommerfeld nicht erst seit Februar 1916, dass ihm Planck Konkurrenz machen würde. „Hier bekommen Sie die beiden Manuskripte zurück, die ich mit Interesse durchgesehen habe", hatte ihm Einstein am 9. Dezember zu den beiden Akademieabhandlungen geantwortet und hinzugesetzt: „Planck arbeitet auch an einem ähnlichen Problem wie Sie (Quantelung des Phasenraumes von Molekularsystemen). Auch er bemüht sich um

A. Sommerfeld, *Die Bohr-Sommerfeldsche Atomtheorie*, Klassische Texte der Wissenschaft, DOI 10.1007/978-3-642-35115-0_4, © Springer-Verlag Berlin Heidelberg 2013

Spektralfragen."[1] Max Wien, mit dem Sommerfeld in diesen Wochen häufig über Fragen der Kriegsforschung auf dem Gebiet der Funktechnik diskutierte, berichtete ihm am 4. Januar 1916 aus Berlin, dass er dort „Vorträge von Einstein und Planck (Concurrent in Spektrallinien) in der Physikalischen Gesellschaft gehört" habe.[2]

Danach schickte Sommerfeld seine beiden Akademieabhandlungen an Planck, der ihm postwendend antwortete, dass er sich wegen einer möglichen Konkurrenz keine Sorgen machen sollte. „Was ich selber in den hiesigen Sitz. Ber. über die Spektrallinien veröffentlicht habe, war nur eine kleine Extratour in ein von mir noch wenig betretenes Gebiet, durch welche ich die Aufmerksamkeit auf die auffallenden Beziehungen lenken wollte, die sich zwischen der Struktur des Phasenraumes und der Bohrschen Formel ergeben, und ich hoffe, daß auch die Fassung meiner Publikation nicht den Anschein erweckt, als wäre darin mehr behauptet worden als tatsächlich der Fall ist. Jetzt sehe ich, daß dieselbe nicht nötig war; denn nun ist ja das Problem bei Ihnen in den besten Händen."[3]

Plancks Interesse galt nicht primär dem Bohrschen Atommodell oder der Theorie der Spektrallinien. Ihm ging es zunächst darum, einen Mangel seiner früheren Quantenarbeiten zu beheben [Eckert, 2010]. Die Oszillatoren seiner Wärmestrahlungstheorie waren abstrakte eindimensionale Gebilde, die man nicht mit einem physikalischen Atommodell in Verbindung bringen konnte. Henri Poincaré hatte darauf angespielt, als er Planck beim Solvay-Kongress 1911 mit der Frage konfrontierte, wie man Systeme mit mehreren Freiheitsgraden zu quanteln habe. Planck ging es daher nun um die Erweiterung der „Quantenhypothese für Molekeln mit mehreren Freiheitsgraden" – wie auch der Titel seiner Vorträge in der Deutschen Physikalischen Gesellschaft lautete. Er verallgemeinerte die beim Solvay-Kongress präsentierte Phasenraumquantelung, indem er den Zustand eines Systems aus N „gleichbeschaffenen Molekeln mit je f Freiheitsgraden" untersuchte. Ein solches System sei dadurch charakterisiert, dass jedem Molekül ein aus den Koordinaten und zugehörigen Impulsen aufgespannten $2f$-dimensionaler Phasenraum entspreche. „Für die Quantenhypothese ist nun, im Gegensatz zur klassischen Theorie, charakteristisch, daß die Elementargebiete der Wahrscheinlichkeit ganz bestimmte Formen und Größen besitzen; ihre Grenzen werden nämlich bezeichnet durch gewisse $(2f-1)$-dimensionale Hyperflächen, deren Lage allein abhängt von der Beschaffenheit der betrachteten Molekel." Dann könne man „nach den bekannten Methoden" den Zustand des ganzen Systems berechnen, also zum Beispiel die Energie und die spezifische Wärme als Funktion der Temperatur angeben. Für den linearen Oszillator seiner Wärmestrahlungstheorie mit $f = 1$ ergaben sich die alten Resultate. Als zweites spezielles „Molekel" mit $f = 1$ wählte Planck einen um eine feste Achse rotierenden starren Körper. Auch für diesen Fall konnte er die schon früher gefundenen Ergebnisse ableiten [Planck, 1915b].

Als Beispiel für $f = 2$ untersuchte Planck die Bewegung eines Elektrons auf einer Keplerellipse um einen Atomkern. Er nahm an, dass die Absorption von Strahlung „nach den

---

[1] Von Einstein, 9. Dezember 1915. DMA, HS 1977–28/A,78. Auch in ASWB I.
[2] Von M. Wien, 4. Januar 1916. DMA, NL 89, 059.
[3] Von Planck, 30. Januar 1916. DMA, HS 1977–28/A,263.

Gesetzen der klassischen Elektrodynamik" erfolgen würde, die Emission jedoch „nur an besonderen Stellen, nämlich an den Grenzen der Elementargebiete" stattfinden sollte. Mit dieser Bedingung, die formal der auch von Sommerfeld formulierten Quantenbedingung entsprach, erhielt er die Balmersche Formel. „Es bestätigt sich auch hier wieder, daß die Quantenhypothese nicht auf Energieelemente, sondern auf Wirkungselemente zu grün- den ist, entsprechend dem Umstand, daß das Volumen des Phasenraumes die Dimension h^f besitzt", so fasste Planck die Quintessenz seiner Phasenraumquantelung in einer späte- ren Arbeit in den *Annalen der Physik* noch einmal zusammen [Planck, 1916, Eckert, 2010].

Auch Sommerfeld hatte seinen Quantenansatz mit einer Phasenraumquantelung be- gründet. Aber anders als Planck hatte er dabei unmittelbar die Bewegung des Elektrons um den Atomkern im Auge. Diese müsse so eingeschränkt werden, dass bei der Beschrei- bung im Phasenraum eine Diskretisierung in Einheiten des Wirkungsquantums erfolgt. Bei dieser Quantelung war für jeden einzelnen Freiheitsgrad eine Quantenbedingung zu erfüllen, die sich aus der Betrachtung der zyklischen Variation der entsprechenden Koor- dinate ergab. „Es wird Sie interessieren, dass Plancks Quantelung des Phasenraums genau mit meinen Ansätzen stimmt. Aber Plancks Erklärung der Balmer-Serie ist scheußlich und grundverschieden von meiner." Dies schrieb Sommerfeld an Willy Wien am selben Tag, an dem er seiner zweiten Akademieabhandlung die Nachschrift über die Plancksche Phasen- raumquantelung hinzufügte. Gleichzeitig kündigte er Wien als Herausgeber der *Annalen der Physik* an, dass er seine jetzt in den Akademieberichten gedruckten Abhandlungen „in geläuterter Form" auch in den *Annalen* publizieren werde.[4] Darin beschrieb Sommerfeld das Verhältnis seines Quantenansatzes zu dem von Planck folgendermaßen: „Planck teilt den $2f$-dimensionalen Phasenraum in Zellen vom Rauminhalte h^f ... und bestimmt die Gestalt der Zellen für jedes System durch besondere Betrachtungen. Wir behaupten, daß die Zelle f-fach zylindrisch ist, daß sie nämlich, auf jede der (geeignet gewählten) Koor- dinatenebenen (q, p) projiziert, den Flächeninhalt h ergibt" [Sommerfeld, 1916a, S. 36]. Schwarzschild gegenüber stellte Sommerfeld die unterschiedlichen Auffassungen so dar: „Viel Freude hat mir auch die genaue Coincidenz mit Plancks Strukturtheorie des Phasen- raums gemacht. Bei so verschiedenem Ausgangspunkt und so verschiedener Denkweise (Planck vorsichtig und abstrakt, ich etwas draufgängerisch und auf die Beobachtung di- rekt loszielend) genau die gleichen Resultate!"[5]

Eine weitere „Coincidenz" ergab sich mit Arbeiten von William Wilson, die 1915 und 1916 im *Philosophical Magazine* publiziert worden waren [Wilson, 1915, Wilson, 1916]. „Von befreundeter Seite bin ich darauf aufmerksam gemacht worden, daß Hr. A. [sic] Wilson bereits früher als ich den Quantenansatz (I) formuliert hat", räumte Sommerfeld am Ende des Abschnitts über die Quantenbedingungen ein. „Bestimmte Folgerungen für die Auffassung der Balmerserie oder für die sonstige Theorie der Spektren werden daraus aber nicht gezogen. Eine Arbeit von Hrn. Ishiwara,[6] auf die Hr. Wilson verweist,

---

[4] An W. Wien, 10. Februar 1916. DMA, NL 56, 010. Auch in ASWB I.
[5] An Schwarzschild, 19. Februar 1916. SUB (Schwarzschild 743). Auch in ASWB I.
[6] Zu [Ishiwara, 1915] siehe [Nisio, 2000].

und die einen ähnlichen Quantenansatz zu enthalten scheint, war mir nicht zugänglich" [Sommerfeld, 1916a, S. 9–10].

Die entscheidende Etappe auf dem Weg zu einer „geläuterten" Darstellung beschritt Sommerfeld jedoch nicht im Wettstreit mit Planck oder Wilson[7] um die adequate Formulierung der Quantenbedingungen, sondern bei dem Versuch, die Theorie für die Erklärung der Spektrallinien nutzbar zu machen. Der wichtigste Ansporn dafür war das immer wieder erfolglose Bemühen um eine Erklärung des Stark- und Zeemaneffekts. „Jetzt hat auch die Stunde für eine wirkliche Theorie des Zeeman-Effektes geschlagen, nachdem die Natur der Dublette als verschiedener Bahnen erkannt ist", hatte Sommerfeld am 31. Dezember 1915 an Willy Wien geschrieben.[8] Damit kehrte er zurück zu den physikalischen Herausforderungen, die er schon 1913 bei seiner ersten Beschäftigung mit dem Bohrschen Atommodell im Auge hatte.

4.2   Epstein und Schwarzschild erklären den Starkeffekt

Den letzten Hinweis, wie sich seine Theorie auf den Stark- und Zeemaneffekt anwenden ließ, erhielt Sommerfeld von Schwarzschild. „Wissen Sie, wie ich vorschlagen würde, die Quantentheorie über den linearen Resonator hinaus zu erweitern?", so begann Schwarzschild am 1. März 1916 während einer „Dienstreise nach Brüssel", wo er als wissenschaftlicher Berater bei einer Artillerieeinheit Kriegsdienst leistete, einen vier Seiten langen Brief an Sommerfeld. Schwarzschilds Vorschlag war so bemerkenswert und prägnant formuliert, dass er es verdient, in voller Länge wiedergegeben zu werden:

„Die Bewegungsgleichungen mögen in kanonischer Form lauten:

$$p_i = \frac{\partial H}{\partial q_i}, \quad q_i = -\frac{\partial H}{\partial p_i}, \quad H \text{ Energie}, \quad i = 1, \ldots n.$$

Die Integrale in allen bekannten Problemen sind, von singulären Lösungen abgesehen, von der Form:

$$p_i = p_i[a_1, a_2, \ldots a_n, w_1, w_2, \ldots w_n]$$
$$q_i = q_i[a_1, a_2, \ldots a_n, w_1, w_2, \ldots w_n].$$

---

[7] Als sich Wilson 1920 beschwerte, dass Sommerfeld ihn in seinem Buch *Atombau und Spektrallinien* nicht erwähnte, antwortete ihm Sommerfeld: „Sie haben Recht, dass ich Ihre Arbeiten von 1915 in meinem Buch hätte zitieren sollen, so wie ich es in meiner Arbeit in den Annalen der Physik Bd. 51, 1916, pag. 9 getan habe. Wenn ich es in meinem Buche unterlassen habe, so geschah es deshalb, weil Sie für die Theorie der Spektrallinien, den eigentlichen Gegenstand meines Buches, keine Folgerungen aus Ihrem Ansatz gezogen und die Theorie der Balmerserie mit Ihrer Quantelung der Kepler-Ellipse nicht in Zusammenhang gebracht haben." Briefentwurf an Wilson, notiert auf einem Brief von Wilson, 7. Juli 1920. DMA, HS 1977–28/A,371.

[8] An W. Wien, 31. Dezember 1915. DMA, NL 56, 010.

Dabei sind $a_1, a_2, \ldots a_n$ Integrationskonstanten. Die w sind der Zeit proportionale Winkel: $w_k = n_k t + \beta_k$ (β_k die anderen Integrationskonstanten).

Die räumlichen Coordinaten der Körper sind eindeutig (von der Periode 2π) in den Winkeln $w_1, w_2, \ldots w_n$.

Ich denke mir die Integration nach Jacobi ausgeführt, sodaß die a_k, w_k ein neues System kanonischer Variablen werden:

$$\frac{da_k}{d\tau} = -\frac{\partial H}{\partial w_k} = 0 \qquad \frac{dw_k}{d\tau} = \frac{\partial H}{\partial a_k} = n_k \, .$$

Das Phasenintegral für jedes Variablenpaar a_k, w_k wird:

$$\int_{(a_k)_0}^{(a_k)_n} da_k dw_k = hn \, .$$

Über jedes w_k ist selbstverständlich von null bis 2π zu integrieren. Also:

$$(a_k)_n = \frac{hn}{2\pi} \qquad n = 1, 2, 3, \ldots \infty \, .$$

Oder anders ausgedrückt: Ich nehme als eine Reihe Variabler die der Zeit proportionalen Winkel, die in der ‚eindeutigen' Lösung des Problems vorkommen. Ich bestimme die Variablen a_k, die zu den Winkelvariablen kanonisch konjugiert sind. Diese Variablen a_k haben als ausgezeichnete Werte Vielfache des Wirkungsquantums $\frac{h}{2\pi}$.

Wendet man diese Vorschrift auf die relativistische Keplerbewegung an, so kriegt man schnurstracks die Resultate Ihrer Nachschrift, die für mich dadurch erst recht zwingend werden. Ferner liefert diese Vorschrift auch einen zwingenden Ansatz für den Starkeffekt und für den Zeemaneffekt."[9]

Soweit Schwarzschilds Vorschlag, wie er sich Sommerfeld auf eng beschriebenen Briefseiten darbot. Was Schwarzschild darin beschrieb, war der Hamilton-Jacobi-Formalismus mit der kanonischen Transformation auf Winkel-Wirkungsvariable, ergänzt um Quantenbedingungen für die Wirkungsvariablen.[10] Sommerfelds Quantisierung der Phasenintegrale wurde in diesem Formalismus zu einer Quantisierung der Wirkungsvariablen. „Auf der Rückfahrt von Brüssel glaube ich mich überzeugt zu haben,", fügte Schwarzschild ein paar Tage später auf einer Postkarte hinzu, „daß mein Quantenansatz auch allgemein mit Planck stimmt und, wie mir scheint, die eigentliche Formulierung dessen, was er will, ist. Haben Sie sich schon überzeugt, wie es mit Zeeman- und Starkeffekt geht? – Der Quantenhimmel hängt voller Geigen."[11]

---

[9] Von Schwarzschild, 1. März 1916. DMA, HS 1977–28/A,318. Auch in ASWB I.

[10] Siehe dazu [Nakane, 2012].

[11] Von Schwarzschild, 5. März 1916. DMA, HS 1977–28/A,318. Auch in ASWB I.

Abb. 4.1 Karl Schwarzschild (DMA NL 89, 062)

Sommerfeld war begeistert. „Dass Sie sich gleichzeitig in Belgien und im Quantenhimmel tummeln, imponiert mir sehr", schrieb er zurück. Gleichzeitig gab er zu erkennen, dass ihm – und wohl auch den meisten anderen Physikern – die von Schwarzschild vorgeschlagenen Methode nicht vertraut waren. Doch er erkannte, dass dieser Ansatz für die Atomtheorie höchst fruchtbar sein würde und die Quantenbedingungen in der Form, wie er sie in seiner Akademieabhandlung präsentiert hatte, damit überholt waren. „Wenn mir auch Ihre Begriffe aus der allgemeinen Himmelsmechanik (die eindeutigen Winkelcoordinaten w_k) nicht geläufig sind, so glaube ich doch, dass unsere Auffassungen nicht weit auseinander gehen. Das was ich neulich gedruckt habe, ist natürlich nicht mehr ganz auf der Höhe." Auch wenn er seine Theorie nicht sofort in der Sprache des Hamilton-Jacobi-Formalismus umformulierte, sah er in Schwarzschilds Vorschlag einen gangbaren Weg, um nun auch beim Stark- und Zeemaneffekt weiter zu kommen. „Ist wie beim H-Atom keine Richtung im Raum ausgezeichnet (bei einem Atom mit Atomfeld kann das schon anders sein), so bleibt die Bahnebene unbestimmt. Haben wir aber z. B. durch ein Feld eine z-Axe ausgezeichnet, so haben wir 3 Coordinaten r, ϑ, φ und 3 Impulse p_r, p_ϑ, p_φ und 3 Phasenintegrale: (I) $\int p_r dr = n'h$, (II) $\int p_\vartheta d\vartheta = n_1 h$, (III) $\int p_\varphi d\varphi = n_2 h$." Sommerfeld wollte aber damit noch „keine eigentliche Theorie des Stark- oder Zeeman-Effektes geben, sondern nur allgemein zeigen, wie die Polarisationen quantenhaft zustande kommen. Ich rechne daher ohne Feld, und berücksichtige nur die Feldaxe z als physikalische Bezugslinie."[12]

Die Anwendung der Theorie auf den Starkeffekt gab er seinem Schüler Epstein als Habilitationsthema. Als russischer Staatsbürger unterstand Epstein im Krieg den Bestimmungen für feindliche Ausländer und war unter Arrest gestellt, durfte sich aber im Sommerfeldschen Institut aufhalten. Die Bewegung eines Elektrons im Zentralfeld des Atomkerns mit überlagertem homogenem elektrischem Feld ließ sich mathematisch – das hatte schon Schwarzschild in seinem ersten Versuch 1914 gezeigt – als Grenzfall des astronomischen Zweizentrenproblems beschreiben, wobei ein Zentrum unter Anwachsen seiner Masse ins Unendliche gerückt wird. Epstein hatte kaum damit begonnen, den Hamilton-Jacobi-Formalismus, den er in einem Lehrbuch der Himmelsmechanik detailliert beschrieben fand, auf dieses Problem anzuwenden, als er von Sommerfeld erfuhr, dass Schwarzschild auf dem besten Weg war, die Theorie des Starkeffekts selbst auszuformulieren. „Now I was a little crestfallen, because I regarded this as a stab in the back", erinnerte er sich viele Jahre später. „You see, I knew already how the electron moves, and I knew how to do it. I got up at 5 o'clock the next morning and by 10 I had the formula. And then the same morning I brought it to Sommerfeld. And what do you know, the same afternoon he got a letter from Schwarzschild, and Schwarzschild had the wrong formula. It was the same order of magnitude, but didn't agree, on the positions of the lines."[13]

Schwarzschild und Epstein gelangten fast gleichzeitig ans Ziel. Er habe „den Starkeffekt ohne jede Schwierigkeit und völlig eindeutig erledigen können", schrieb Schwarzschild am 21. März 1916 nach München.[14] Sommerfeld schrieb drei Tage später zurück, dass Epstein zu dem gleichen Ergebnis gelangt sei, aber auch eine bei Schwarzschild noch fehlende Linie berechnet habe. „Epstein wird alsbald eine vorläufige Notiz in der Physikalischen Zeitschrift bringen. Er will sich später auf diese Arbeit in Zürich habilitieren. Er soll Ihnen selbst schreiben. Er hat natürlich meine Vorlesungen über Spektrallinien etc. gehört".[15]

Epsteins „Notiz" ging am 29. März 1916 bei der *Physikalischen Zeitschrift* ein [Epstein, 1916]. Schwarzschild legte seine Theorie am 30. März 1916 der Preußischen Akademie der Wissenschaften zur Publikation in ihren Sitzungsberichten vor [Schwarzschild, 1916]. Was so lange auf klassischem Weg und auch bei den ersten Anwendungen des Bohrschen Atommodells nicht gelungen war, fand nun binnen weniger Tage mit dem von Schwarzschild skizzierten Quantenansatz eine überzeugende Lösung.

---

[12] An Schwarzschild, 9. März 1916. SUB (Schwarzschild 743). Auch in ASWB I.

[13] Interview mit Paul S. Epstein von John L. Heilbron, 25. Mai 1962. AHQP. Auch online zugänglich: http://www.aip.org/history/ohilist/4592_1.html.

[14] Von Schwarzschild, 21. März 1916. DMA, HS 1977–28/A,318. Auch in ASWB I.

[15] An Schwarzschild, 24. März 1916. SUB (Schwarzschild 743). Auch in ASWB I.

Abb. 4.2 Paul Epstein (DMA NL 89, 056)

Schwarzschild konnte sich aber an diesem Erfolg kaum noch erfreuen; er starb am 11. Mai 1916 an den Folgen einer Hautkrankheit. „Als ich ihm in diesem Frühjahr meine Arbeit über die gequantelten Ellipsen zuschickte, wurde sein astronomisches und physikalisches Interesse mächtig erregt", schrieb Sommerfeld in einem Nachruf. „In kurz aufeinander folgenden Briefen aus dem Felde und von dem beginnenden Krankenlager zu Hause entwickelte er mir seine Auffassung. Wo ich nur die Bedürfnisse der Spektroskopie im Auge gehabt und mich an den Beobachtungstatsachen mühsam zu den gültigen Gesetzmäßigkeiten heraufgetastet hatte, sah er sofort die allgemeine Methode... Die unvergleichliche Leichtigkeit seiner Auffassung und die Tiefe seines Blickes für analytische, physikalische und astronomische Zusammenhänge machten ihn auf diesem noch reichlich dunklen Gebiete zum Pfadfinder wie geschaffen." [Sommerfeld, 1916d, S. 945–946]

4.3   Die Feinstrukturformel

Fast zeitgleich mit den Briefen Schwarzschilds über den Quantenansatz im Rahmen der Hamilton-Jacobi-Theorie erhielt Sommerfeld einen Feldpostbrief seines Assistenten Wilhelm Lenz, aus dem er entnehmen konnte, dass man die relativistische Aufspaltung der Energieniveaus eines Elektrons beim Umlauf um den Atomkern auf eine weniger umständliche Art berechnen konnte, als er dies in seiner Akademieabhandlung vorgeführt hatte. Dort hatte er die für den Vergleich mit experimentellen Werten notwendigen Termdifferenzen nur als Näherungen im Rahmen einer komplizierten Reihendarstellung angegeben. Lenz vermutete jedoch, dass es auch im relativistischen Fall eine, der Balmer-Formel entsprechende Serienformel geben sollte. Er habe sich überlegt, „dass das Resultat, das Seriengesetz, dann doch wohl ebenfalls wieder eine einfache Gestalt annehmen müsse. Da dies Gesetz nicht explizit in Ihrer Arbeit angegeben ist, so habe ich es selbst errechnet...“[16] Als Ergebnis ergab sich für das Wasserstoff-Feinstrukturspektrum die Formel

$$\nu = \frac{m_0 c^2}{h} \left\{ \left[1 + \frac{\alpha^2}{(n' + \sqrt{n^2 - \alpha^2})^2} \right]^{-\frac{1}{2}} - \left[1 + \frac{\alpha^2}{(m' + \sqrt{m^2 - \alpha^2})^2} \right]^{-\frac{1}{2}} \right\}$$

mit

$$\alpha = \frac{2\pi e^2}{hc}.$$

„Auf die vorstehende geschlossene Form der Spektralgleichung bin ich durch einen Feldpostbrief von W. Lenz aufmerksam gemacht worden", so stellte Sommerfeld in seiner „geläuterten" Publikation in den *Annalen der Physik* den Beitrag seines Assistenten heraus. Bei seiner Darstellung in der Akademieabhandlung habe er die Reihenentwicklung zu früh angesetzt, räumte er ein, so dass „die Übersichtlichkeit und Geschlossenheit der Spektralformel verloren ging" [Sommerfeld, 1916a, S. 53–54].

Damit trat erstmals die Feinstrukturkonstante α in ihrer Bedeutung für die relativistische Aufspaltung der Spektrallinien hervor. Im Grenzfall $\alpha \to 0$ ging die Feinstrukturformel in die einfache Serienformel über. Bei seiner ursprünglichen Darstellung hatte Sommerfeld für die Reihenentwicklung die Größe $\alpha = \frac{\pi^2 e^4}{h^2 c^2}$ benutzt. Für die jetzt verwendete Größe $\alpha = \frac{2\pi e^2}{hc}$ sprach nicht nur die von Lenz gelieferte Ableitung der Feinstrukturformel, sondern auch, wie Sommerfeld hervorhob, die physikalische Interpretation als Verhältnis $\frac{p_0}{p_1}$, wobei p_0 den Drehimpuls in dem relativistischen Grenzfall bedeutet, bei dem das Elektron dem Kern beliebig nahe käme und seine Masse unendlich würde ($p_0 = \frac{e^2}{c}$), und p_1 den Drehimpuls $\frac{h}{2\pi}$ bei der Kreisbewegung im niedrigsten Bohrschen Energiezustand ($n = 1$). „Für das Verhältnis $\frac{p_0}{p_1}$, das wir α nennen wollen, ergibt sich $\alpha = \frac{p_0}{p_1} = \frac{2\pi e^2}{hc} =$ rund $7 \cdot 10^{-3}$", argumentierte Sommerfeld. „Wir sehen also, daß das relativistische Grenzmoment p_0 im Verhältnis zu den Quantenmomenten p_n recht klein ausfällt. Es schließt sich also gewissermaßen enge an dasjenige Grenzmoment $p_0 = 0$ an, das man ohne Rücksicht auf die Relativitätstheorie aus der Formel $p_n = \frac{nh}{2\pi}$ entnehmen würde" [Sommerfeld, 1916a, S. 51].

Mit der Feinstrukturformel und der Feinstrukturkonstante, die Sommerfeld dem Feldpostbrief seines Assistenten verdankte, gewann die Theorie an konzeptioneller Klarheit. Doch die „geläuterte" Darstellung unterschied sich von der Akademieabhandlung auch noch in anderer Hinsicht. Drei Tage nach dem Brief von Lenz erhielt Sommerfeld von Paschen die Mitteilung, dass er begonnen habe, „die Heliumlinie 4686 genauer zu studieren, auch noch neue Versuche zu machen, soweit das augenblicklich bei beschränkten Hilfskräften geht. Eine Entscheidung über die Zugehörigkeit der schwächeren Linien war noch

---

[16] Von Lenz, 7. März 1916. DMA, NL 89, 059. Auch in ASWB I.

Abb. 4.3 Wilhelm Lenz (DMA NL 89, 056)

nicht möglich."[17] Sommerfeld informierte Paschen daraufhin über den aktuellen Stand seiner Theorie, der ihm postwendend antwortete, dass er damit „die Lösung des Bilderrätsels von 4686 ermöglicht" habe.[18] Kurz darauf gratulierte er Sommerfeld noch einmal überschwänglich. „Sie werden sehen, dass diese Arbeit die Spectroscopie auf eine neue Basis gestellt hat", schrieb er rückblickend über Sommerfelds Akademieabhandlung, mit der die ganze Feinstrukturuntersuchung begonnen hatte. Damit könne man nun auch daran denken, die Naturkonstanten spektroskopisch zu bestimmen. „Ich weiss nicht, ob Planck's Constante anderweitig so sicher bestimmt ist, dass man zwischen 6,41 und $6,54 \times 10^{-27}$ entscheiden könnte. Die Strahlungsmessungen jedenfalls sind dafür nicht genau genug. Die Übereinstimmung zwischen H_α, den Lithiumlinien und jetzt 4686 nach Ihrer Theorie ist doch eine sehr gute. $\Delta v_{\text{Dublet}} = 0,340$ sollte bis auf 1 Prozent sicher sein."[19]

Sommerfeld und Paschen wechselten danach fast im Wochentakt ausführliche Briefe über die Details der spektroskopischen Feinstrukturmessungen. „Meine Messungen sind nun beendet und stehen überall in schönstem Einklang mit Ihren Feinstructuren", schrieb Paschen am 21. Mai 1916 nach München. „Ohne Ihre Theorie wären diese Resultate nicht gefunden worden… Wenn Sie jetzt in den Annalen Ihre Theorie veröffentlichen, könnte

---

[17] Von Paschen, 10. März 1916. DMA, HS 1977–28/A,253. Auch in ASWB I.
[18] Von Paschen, 28. März 1916. DMA, HS 1977–28/A,253.
[19] Von Paschen, 1. April 1916. DMA, HS 1977–28/A,253. Auch in ASWB I.

ich darauf Bezug nehmen."[20] Bis zur Einreichung der Publikationen vergingen aber noch einmal mehrere Wochen, in denen letzte Unklarheiten über die gegenseitige Abstimmung von Sommerfelds und Paschens Annalenarbeiten beseitigt wurden. „Ich habe heute meine Arbeit an Wien gesandt und werde Ihnen die Correctur senden", schrieb Paschen am 30. Juni 1916 an Sommerfeld, nachdem er seine Messungen definitiv abgeschlossen hatte [Paschen, 1916]. „Es ist Alles recht befriedigend und wie ich glaube, auch überzeugend geklärt."[21] In seiner eigenen Annalenarbeit machte Sommerfeld die „genaue Bestätigung der Feinstruktur an den Heliumlinien von Paschen" zum Gegenstand eines ganzen Abschnitts [Sommerfeld, 1916a, S. 80–85]. Er griff auch die von Paschen geäusserte Möglichkeit auf, „universelle Einheiten" spektroskopisch zu bestimmen, wobei „die charakteristische Konstante unserer Feinstrukturen $\alpha = \frac{2\pi e^2}{hc}$" eine wichtige Rolle spielen würde. Leider sei dieses Programm momentan noch nicht mit der gewünschten Präzision durchführbar, „da die Messung der Feinstruktur erst eben von Paschen in Angriff genommen" worden sei. Er war aber zuversichtlich, „daß wiederholte Feinstrukturmessungen allen Zweifeln über die genaue Größe der universellen Einheiten ein Ende machen werden." [Sommerfeld, 1916a, S. 90–94].

Die relativistische Erklärung der Feinstruktur war für Sommerfeld auch auf die Röntgendubletts anwendbar. Da die Aufspaltung im wesentlichen proportional zur vierten Potenz der Kernladung war, ließ sie sich spektroskopisch auch leichter nachweisen.[22] Manne Siegbahn und seine Schüler hatten seit 1915 eine Reihe von Messungen publiziert, mit denen Sommerfeld seine Theorie vergleichen konnte. In München diskutierte Sommerfeld die Anwendung seiner Theorie auf die Röntgendubletts mit Kossel und Ernst Wagner, einen Schüler Röntgens, der seit 1915 als Extraordinarius für Experimentalphysik die Röntgenspektroskopie zu seinem Forschungsschwerpunkt gemacht hatte. Die Fülle an Daten veranlasste Sommerfeld, einen großen Teil seiner Annalenpublikation den Röntgenspektren zu widmen, obwohl er dafür die Theorie gegenüber der in der Akademieabhandlung präsentierten Fassung keinem Läuterungsprozess unterzog. „Der Haupterfolg unserer Theorie in ihrer Anwendung auf Röntgenspektren bleibt die Zurückführung des L-Dubletts auf das Wasserstoffdublett und die Möglichkeit, von hier aus den L-Term voraussetzungslos zu isolieren", so lautete die Quintessenz auf diesem Gebiet. Er fand es besonders bemerkenswert, „daß sich bisher noch keine Andeutung des ‚periodischen' Systems der Elemente gezeigt hat. Offenbar sind nur die äußeren Teile des Atoms, in denen sich die optischen und chemischen Vorgänge abspielen, periodisch geartet; die inneren Teile, in denen diejenigen Elektronenbewegungen verlaufen, die zur Emission und Absorption von Röntgenstrahlen Anlass geben, sind dagegen völlig einheitlich und linear-fortschreitend durch die Ordnungszahl des Elementes bestimmt" [Sommerfeld, 1916a, S. 166–167].

---

[20] Von Paschen, 21. Mai 1916. DMA, HS 1977–28/A,253. Auch in ASWB I.

[21] Von Paschen, 30. Juni 1916. DMA, HS 1977–28/A,253.

[22] Sommerfeld ging von einem „Vergrößerungsfaktor $(Z - l)^4$" aus, wobei l eine Zahl bedeutete, die der Abschirmung der Kernladung durch Elektronen auf den inneren Elektronenringen Rechnung trug und wesentlich kleiner als Z sein sollte [Sommerfeld, 1916a, S. 132].

4.4   Der (normale) Zeemaneffekt im Rahmen des Bohr-Sommerfeldschen Atommodells

Die am 5. Juli 1916 bei den *Annalen der Physik* eingegangene Darstellung Sommerfelds „Zur Quantentheorie der Spektrallinien", wie er sie knapp titulierte, enthielt ebenso wie seine Akademieabhandlungen nur ein paar knappe Bemerkungen über den Zeemaneffekt, obwohl der ganz am Anfang seiner Beschäftigung mit dem Bohrschen Atommodell gestanden hatte. In einer Fussnote betonte er jedoch: „Ich habe dies inzwischen in der Physikalischen Zeitschrift 1916 näher ausgeführt: ‚Zur Theorie des Zeeman-Effektes der Wasserstofflinien, mit einem Anhang über den Stark-Effekt‘" [Sommerfeld, 1916a, S. 33]. Es ist auch klar, warum er dies einer separaten Publikation vorbehielt: Er benutzte dabei den von Schwarzschild eingeführten Ansatz, den er in seiner Annalenpublikation noch nicht verwendet hatte, der hier jedoch unerlässlich erschien.

Bei der Anwendung der Theorie auf den Zeemaneffekt konnte Sommerfeld jedoch nicht mehr die Priorität für sich beanspruchen. Am 3. Juni 1916 hatte Debye der Göttinger Akademie eine Arbeit vorgelegt [Debye, 1916], in der er zeigte, dass der bei der Theorie des Starkeffekts von Epstein und Schwarzschild benutzte Formalismus aus der Himmelsmechanik auch dann anwendbar war, wenn es keine Parallele mit astronomischen Vorgängen gab. Dies war insbesondere bei der Elektronenbewegung in einem Magnetfeld der Fall, so dass Zeeman- und Starkeffekt nun nach demselben Verfahren behandelt werden konnten. Damit kam er seinem ehemaligen Lehrer in die Quere, der zwar als erster die räumliche Quantelung der Elektronenbahn eingeführt hatte, damit jedoch noch „keine eigentliche Theorie des Stark- oder Zeeman-Effektes geben, sondern nur allgemein zeigen [wollte], wie die Polarisationen quantenhaft zustande kommen."[23] Als Debye viele Jahre später gefragt wurde, ob er diese Arbeit unabhängig von Sommerfeld gemacht habe, antwortete er: „Oh yes, yes", allerdings habe er sofort gespürt, dass er Sommerfeld damit verärgerte. „He did not like that. He wanted to have that for himself. So I decided well all right, I won't do that anymore."[24]

Für Sommerfeld handelte es sich dabei jedoch weniger um eine Frage der Priorität, als um die systematische Erweiterung der von Bohr begründeten Atomtheorie. Wie er am 13. Juni 1916 an Hilbert schrieb, steckte er „noch sehr in den Spektrallinien drin", die er gerade für die Annalen zusammenschreibe, er „merze dabei alle früheren Unsicherheiten aus und füge viel Neues hinzu. Wenn das geschehen ist, kommen eine ganze Reihe anderer Probleme heran, die damit zusammenhängen; Zeeman-Effekt, Constitution des Helium, Viellinien-Spektrum des Wasserstoff. Es war gerade vor einem Jahr, dass ich Ihnen in Göttingen diese Dinge zuerst ins Unreine vortrug. Sie haben sich wirklich fabelhaft entwickelt, dank dem Zusammenwirken mit Paschen, Planck und Epstein."[25] In der Annalen-Arbeit

---

[23] An Schwarzschild, 9. März 1916. SUB (Schwarzschild 743). Auch in ASWB I.

[24] Interview mit Peter Debye von T. S. Kuhn und G. Uhlenbeck, 3. Mai 1962. AHQP. In http://www. aip.org/history/ohilist/4568_1.html.

[25] An Hilbert, 13. Juni 1916. SUB (Cod. Ms. D. Hilbert 379 A.

Abb. 4.4 Peter Debye (DMA NL 89, 056)

wollte Sommerfeld vor allem zeigen, dass seine Theorie eine ganze Fülle spektroskopischer Befunde erklären konnte. Beim Zeemaneffekt hatte er vermutlich gehofft, auch die „komplexen Zeemantypen" erklären zu können, mit denen er sich früher im Rahmen der Voigtschen Theorie so intensiv beschäftigt hatte. Doch diese Hoffnung trog. „Ich habe gerade einen Aufsatz über Zeeman-Effekt beendet, in dem wenigstens das normale Triplet auf Ihrem allgemeinen Wege $h\nu = W_2 - W_1$ (entgegen Ihren Erwartungen) abgeleitet wird," schrieb er im August 1916 an Bohr.[26] Da war ihm spätestens klar, dass seine Theorie zwar den normalen Zeemaneffekt erklären konnte, beim anomalen Zeemaneffekt jedoch versagte. „Nur im Punkte des Zeeman-Effektes herrscht Unsicherheit", schrieb er im November 1916 an Paul Ehrenfest. „Ich sehe nämlich, im Gegensatz zu Debye, das Ergebnis der Quantentheorie des Zeeman-Effektes als falsch an."[27]

Dementsprechend stellte er bei seinem Aufsatz „Zur Theorie des Zeeman-Effektes der Wasserstofflinien, mit einem Anhang über den Stark-Effekt" in der *Physikalischen Zeitschrift* auch nicht wie bei der Annalenpublikation die Übereinstimmung mit den spektroskopischen Befunden in den Mittelpunkt, sondern den von Schwarzschild übernommenen Quantenansatz. Aus der Behandlung des Starkeffekts von Schwarzschild und Epstein sei deutlich geworden, dass man „die Quantenansätze an die Hamilton-Jacobische Form der Bewegungsgleichungen anzuschließen" habe. „Die von Jacobi eingeführte Wirkungsfunktion ist nichts anderes als die Summe der von mir benutzten, aber mit unbestimmter

---

[26] An Bohr, 20. August 1916. NBA (Bohr). Auch in ASWB I.
[27] An Ehrenfest, 16. November 1916. AHQP/Ehr (25). Auch in ASWB I.

oberer Grenze geschriebenen Phasenintegrale, genommen über alle Freiheitsgrade; die Periodizitätsmoduln der Jacobischen Wirkungsfunktion werden auf diese Weise direkt Vielfache des Planckschen Wirkungsquantums. Wegen dieses naturgemäßen und engen Zusammenhangs zwischen Quantentheorie und Hamilton-Jacobischer Mechanik wird man wünschen, auch die Differentialgleichungen des Zeemaneffekts in kanonischer Form zu schreiben." [Sommerfeld, 1916c, S. 492]

Dabei betonte Sommerfeld auch die aus mathematischer Sicht attraktiven Seiten dieses Vorgehens. Ein ganzer Abschnitt war der „Ausrechnung der Quantenbedingungen durch komplexe Integration" gewidmet. Es bereitete Sommerfeld auch keine Schwierigkeit, nach diesem Vorgehen die Relativitätstheorie einzubeziehen. Er kam zu dem bemerkenswerten Ergebnis, dass sich eine Spektrallinie des Wasserstoffatoms bei angelegtem Magnetfeld in beiden Fällen in das „normale Lorentz-Triplett" aufspaltet. „Unser Resultat lautet also: Der Zeemaneffekt mit Relativität ist nicht verschieden von dem Zeemaneffekt ohne Relativität. Der Zeemaneffekt wird durch die aus der Relativitätstheorie folgende Feinstruktur der Wasserstofflinien nicht beeinflußt." Da der normale Zeemaneffekt aber nur bei einfachen Spektrallinien auftrat und Sommerfeld mit seiner Feinstrukturtheorie den Mehrfach-Charakter der Wasserstofflinien aufgezeigt hatte, erschien ihm dieses Ergebnis „höchst verdächtig". Diese Erklärung für den Zeemaneffekt sei daher „unzureichend" [Sommerfeld, 1916c, S. 503]. Beim Starkeffekt führte die Einbeziehung der Relativitätstheorie dazu, dass die Jacobische Differentialgleichung in den parabolischen Koordinaten, die im nichtrelativistischen Fall die Lösung ermöglichten, nicht mehr separierbar war. Der relativistische Starkeffekt entzog sich also der Analyse, solang es nicht gelang, dafür die „richtigen" Koordinaten anzugeben.

Zeeman- und Starkeffekt ließen sich also nur mangelhaft mit der Sommerfeldschen Erweiterung des Bohrschen Atommodells erklären. Eine noch größere Unsicherheit betraf „Intensitätsfragen". Wie in seiner Akademieabhandlung bereits angedeutet, ordnete Sommerfeld die Wahrscheinlichkeit möglicher Elektronenbahnen um den Atomkern nach deren Exzentrizität. Kreisbahnen waren wahscheinlicher als solche mit großer Exzentrizität, so dass die von ihnen ausgehenden Übergänge auch als Spektrallinien mit geringerer Intensität zu Buche schlagen sollten. Mit „Quantenungleichungen" versuchte Sommerfeld, Auswahlregeln zu formulieren, um aus der Vielzahl theoretisch möglicher Feinstrukturaufspaltungen die unwahrscheinlichen Elektronenübergäge auszuschließen, doch er war sich sehr darüber im Klaren, dass er sich damit auf unsichere Spekulationen einließ. „Wie gesagt, will unsere Intensitätsregel nur einen vorläufigen und ungefähren Anhalt geben," so räumte er diesen Schwachpunkt der Theorie in der Annalenpublikation ein [Sommerfeld, 1916a, S. 28].

Die nächste Etappe auf dem Weg zur Erweiterung des Bohrschen Atommodells sollte den Spektren von Vielelektronenatomen gelten. Zwar hatte Sommerfeld mit der Anwendung der Feinstrukturtheorie auf die Röntgendubletts dieses Gebiet bereits betreten, doch dies betraf nur Elektronenübergänge, die auf ähnliche Weise wie beim Wasserstoff zustande kommen sollten. Sommerfeld hatte bei seiner Theorie zunächst nur die Bewegung *eines*

Elektrons gequantelt. Im November 1916 unterbreitete er der Bayerischen Akademie der Wissenschaften eine Abhandlung „Zur Quantentheorie der Spektrallinien. Ergänzungen und Erweiterungen" [Sommerfeld, 1916b], in der er auch andeutete, wie er sich die Erweiterung der Theorie für nicht-Wasserstoff-ähnliche Spektren vorstellte. Doch ein ähnlicher Erfolg wie bei den Arbeiten, die er der Akademie ein Jahr zuvor präsentiert hatte, war diesen „Ergänzungen und Erweiterungen" nicht vergönnt.

4.5 Reaktionen

Die ersten Reaktionen auf die Sommerfeldsche Erweiterung des Bohrschen Atommodells waren geradezu euphorisch. „Begreiflicherweise hat meinen Freunden und mir Ihre Arbeit und der daran anschließende Erfolg von Epstein sehr große Freude bereitet", schrieb Paul Ehrenfest nach München, der dem Bohrschen Atommodell zunächst ebenso wie viele andere sehr skeptisch gegenüberstand. „So entsetzlich ich es auch finde, dass dieser Erfolg wieder dem vorläufig doch noch so ganz kanibalischem Bohr-Modell zu neuen Triumphen verhilft – dennoch wünsche ich der Münchner Physik herzlich weitere Erfolge auf diesem Weg!".[28]

Bohr selbst hatte bereits vor den Arbeiten von Epstein und Schwarzschild seiner Begeisterung Ausdruck verliehen. Er schrieb aus Manchester, wo man trotz des Weltkriegs die Arbeiten aus München aufmerksam studierte: „I thank you so much for your most interesting and beautiful papers. I do not think that I have ever enjoyed the reading of anything more than I enjoyed the study of them, and I need not say that not only I but everybody here has taken the greatest interest in your important and beautiful results… Also Prof. Rutherford was most interested in your work and was of course so pleased with the great support your results give to his own work. I have myself been working a good deal with the Quantum theory in this winter and had just finished a paper for publication in which I had attempted to show that it was possible to give the theory a logically consistent form covering all the different kinds of applications… I decided at once to postpone the publication and to consider it all again in view of all, for which your papers have opened my eyes."[29]

Planck wandte sich nach seinem kurzen Abstecher in die Theorie der Spektrallinien wieder der Phasenraumquantelung von Gasen zu. Im Mai 1916 schrieb er an Sommerfeld, dass er „jetzt an der Entropie idealer Gase arbeite, berechnet auf Grund der Quanteneinteilung des Phasenraums". Aber er blieb lebhaft an Sommerfelds Theorie interessiert und sorgte dafür, dass sie in Berlin gebührend zur Kenntnis genommen wurde. „Heute Nach-

---

[28] Von Ehrenfest, undatiert [April/Mai 1916]. DMA, HS 1977–28/A,76. Auch in ASWB I.
[29] Von Bohr, 19. März 1916. NBA (Bohr); deutsche Übersetzung von Harald Bohr in DMA, HS 1977–28/A,28. Auch in ASWB I.

Abb. 4.5 Sommerfeld und Bohr 1919 bei einem Treffen in Lund (DMA BN 47094)

mittag trage ich im Colloquium über Ihre beiden Arbeiten vor und freue mich, das wirklich imposante Gebäude Ihrer Serienlinientheorie vor den Zuhörern zu entwickeln."[30]

Als die „geläuterte" Fassung seiner Theorie in den Annalen erschien, erhielt Sommerfeld noch einmal begeisterte Reaktionen. „Ihre Spektral-Untersuchungen gehören zu meinen schönsten physikalischen Erlebnissen", schrieb Einstein im August 1916 an Sommerfeld. „Durch sie wird Bohrs Idee erst vollends überzeugend. Wenn ich nur wüsste, welche Schräubchen der Herrgott dabei anwendet!"[31] Zeeman schickte aus Amsterdam eine Postkarte, um Sommerfeld seine „Bewunderung auszusprechen über die wunderschönen Erfolge Ihrer Quantentheorie der Spektrallinien".[32] Lorentz schrieb aus Haarlem, wie sehr er „Ihre Arbeiten über die Theorie der Spektrallinien und der Röntgenstrahlen bewundere. Ihre Resultate gehören zu dem Schönsten, das je in der theoretischen Physik erreicht

---

[30] Von Planck, 17. Mai 1916. DMA, HS 1977–28/A,263. Auch in ASWB I. Zu Plancks Arbeiten über die Entropie idealer Gase siehe [Eckert, 2010].
[31] Von Einstein, 3. August 1916. DMA, HS 1977–28/A,78. Auch in ASWB I.
[32] Von Zeeman, 29. November 1916. DMA, HS 1977–28/A,380.

worden ist. Wer hätte noch vor wenigen Jahren daran denken können, dass die Relativitäts-mechanik uns den Schlüssel zur Enträtselung so mancher Geheimnisse liefern würde."[33]

Nach Sommerfelds Erweiterung des Bohrschen Atommodells war noch nicht absehbar, in welcher Richtung sich die Atomtheorie weiter entwickeln würde. Im Rückblick erscheint das Jahr 1916 nicht als das Jahr einer „geläuterten" Quantentheorie der Spektrallinien, sondern als Auftakt für eine Entwicklung, die zehn Jahre später in der Quantenmechanik gipfelte [Mehra and Rechenberg, 1982, Kragh, 2012]. Für Bohr scheinen die Beiträge Sommerfelds ein Anlass gewesen zu sein, das bisherige Vorgehen gründlich zu überdenken. An die Stelle der Arbeit, die er nach Sommerfelds ersten Publikationen in den Sitzungsberich-ten der Bayerischen Akademie der Wissenschaften zurückgezogen hatte, trat eine Serie von Abhandlungen „On the Quantum Theory of Line Spectra" (NBCW 3), mit der Bohr das Korrespondenzprinzip zur Leitlinie der weiteren Entwicklung machte [Darrigol, 1992].

Auch Sommerfeld begnügte sich nicht damit, die Anerkennung seiner Kollegen zu genießen und sich auf den Lorbeeren des bisher Erreichten auszuruhen. Für ihn wur-den die Atomspektren zur großen Herausforderung der kommenden Jahre. Bei aller Begeisterung für Bohrs Ableitung der Balmer-Formel stand er den weitergehenden Vor-stellungen Bohrs über den Bau von Atomen und Molekülen eher skeptisch gegenüber. Bei der Dispersionstheorie wollte er den Bohrschen Quantenansätzen keinen Platz ein-räumen. „Vorläufig halte ich den Standpunkt von Debyes und meiner Arbeit für ganz richtig", so bezog er sich auf die klassische Interpretation über die Lichtstreuung an Mo-lekülen [Debye, 1915, Sommerfeld, 1915], die er 1917 mit einer weiteren Arbeit noch einmal bekräftigte [Sommerfeld, 1917]. „Quantentheoretisch ist nur die Größe der Mole-küle bestimmt, alles andere ist Mechanik. Aber ich bin gern bereit, mich anders belehren zu lassen."[34]

Anders als Bohr, Planck und andere Theoretiker ließ er sich auch weniger von Prinzipien leiten [Seth, 2010], sondern tastete sich anhand empirischer Gesetzmäßigkeiten vorwärts, die er aus dem Fundus der Spektroskopie herauslas. Erwin Schrödinger bewunderte Som-merfeld dafür, wie er seine Quantenformeln „in das Beobachtungsmaterial hinein kompo-niert [habe], so dass sie nun straff sitzen, wie eine Gardeuniform".[35] Dieser Weg lässt sich anhand der verschiedenen Ausgaben von *Atombau und Spektrallinien* nachvollziehen, die nach 1919 fast im Jahresabstand dem aktuellen Forschungsstand angepasst wurden und zur „Bibel" der Atomphysik wurden. Darin kamen auch Sommerfeldschüler wie Wolfgang Pauli (1900–1958), Werner Heisenberg (1901–1976) und andere zu frühen Ehren, die spä-ter als Pioniere der Quantenmechanik und Nobelpreisträger in die Geschichte der Physik eingingen [Eckert, 2013, Kap. 8].

---

[33] Von Lorentz, 14. Februar 1917. DMA, HS 1977–28/A,208. Auch in ASWB I.
[34] An Bohr, 20. August 1916. NBA (Bohr). Auch in ASWB I.
[35] Von Schrödinger, 21. Juli 1925. DMA, HS 1977–28/A,314. Auch in ASWB II.

4.6 Ausblick

Wenn man mit dem Wissen um diese Entwicklung auf die beiden im Teil II abgedruckten Akademieabhandlungen (A1) und (A2) aus dem Jahr 1915 zurückblickt, so wird einem erst recht bewusst, wie beschwerlich der Weg vom Bohrschen Atommodell zur Quantenmechanik noch war – und welche Rätsel er aufgeben sollte. Sommerfelds Theorie der Feinstruktur ging von einem Elektron aus, das eine relativistische Keplerbewegung um den Atomkern beschreibt. Zwölf Jahre später ergab sich aus der Diracschen Theorie des Elektrons eine Formel für die Feinstruktur, die mit Sommerfelds Feinstrukturformel übereinstimmte, wenn man darin den Quantenzahlen eine andere Bedeutung zuwies. In der Diracschen Elektronentheorie machte jedoch der Begriff der Elektronenbahn keinen Sinn; stattdessen kam mit dem Spin eine neue Quantengröße ins Spiel, die in der Sommerfeldschen Theorie noch gar nicht existierte. Wie konnten so verschiedene Theorien zu demselben Ergebnis führen? Konnte eine so perfekte Übereinstimmung auf einem glücklichen Zufall beruhen? „Es ist erstaunlich, wie Sommerfelds ursprüngliche Formel für die Energieniveaus von 1916 auch aus dieser neuen, dem Elektronenspin Rechnung tragenden Theorie abgeleitet werden kann", wunderte sich Pauli 1948 in einem Aufsatz zu Sommerfelds achzigsten Geburtstag [Pauli, 1948, S. 131]. „Aber wie durch ein Wunder hat sich Sommerfelds Formel, die auf Grund der alten, noch unzulänglichen Quantentheorie für ein kugelsymmetrisches Elektron berechnet worden war, auch als die exakte Lösung der quantenmechanischen, von Dirac entwickelten relativistischen Theorie eines Kreiselelektrons bewährt", fand auch Heisenberg. „Es wäre eine reizvolle Aufgabe zu untersuchen, ob es sich hier wirklich um ein Wunder handelt oder ob nicht vielleicht die von Sommerfeld und Dirac gemeinsam zugrunde gelegte gruppentheoretische Struktur des Problems schon zu dieser Formel führt" [Heisenberg, 1968, S. 534].

Dieser Aufgabe widmete sich Lawrence C. Biedenharn (1922–1996), ein Virtuose auf dem Gebiet gruppentheoretischer Methoden in der Physik. Er fand, dass dem „Sommerfeld puzzle", wie Heisenberg vermutet hatte, in der Tat eine Symmetrie zugrunde lag, die sich jedoch erst nach einer längeren Analyse erschloss. „It is this symmetry which produces the most remarkable and detailed correspondence between the Sommerfeld procedure and the quantal solution, as discussed at length above in our resolution of the Sommerfeld puzzle" [Biedenharn, 1983, S. 32]. Sommerfeld selbst suchte nie in solcher Tiefe nach dem Grund für die merkwürdige Übereinstimmung. Er beließ es bei der Feststellung, dass die Feinstruktur letztendlich ein relativistischer Effekt sei. „Landé hat gegen sie eingewendet, dass die Aufspaltung der Balmer-Terme nicht relativistischen sondern magnetischen Ursprungs sei. Nach der Entdeckung des Spins durch Goudsmit und Uhlenbeck konnte man mit einigem Recht sagen, dass es sich um eine Spin-Aufspaltung handle. Die Wellenmechanik von Dirac hat alle diese Controversen salomonisch entschieden. Der Spin und das magnetische Moment sind nach der Diracschen Theorie eine Folge der relativistischen Wellengleichung. Diese liefert exakt meine Feinstruktur-Formel [...]", so erklärte er deren „enorme Vitalität" bei einem Rückblick auf die Entwicklung der spektroskopischen Theorie in München [Sommerfeld, 1942, S. 129].

Tatsächlich geht die „Vitalität" der Sommerfeldschen Theorie noch weiter, wie die „Semiklassik" zeigt, die sich in den letzten Jahrzehnten zu einem ansehnlichen Teilbereich der Quantentheorie entwickelt hat. Die semiklassische Quantisierung besteht in einer Verallgemeinerung der Sommerfeldschen Quantisierungsbedingungen vom Typus $\int pdq = nh$. Um die Feinstrukturformel nach der semiklassischen Methode abzuleiten, müssen auf der rechten Seite ein so genannter „Maslov-Index" und eine Quantenzahl für den Spin hinzugefügt werden. Dabei zeigt sich, dass sich diese Zusatzbeiträge gerade gegenseitig aufheben [Keppeler, 2004]. Damit bestätigt sich, was schon in den 1960er Jahren vermutet worden war: „Sommerfeld's explanation was successful because the neglect of wave mechanics and the neglect of spin by chance cancel each other in the case of the hydrogen atom" [Yourgrau and Mandelstam, 1968, S. 113–115].

Eine „enorme Vitalität" bewies auch die Sommerfeldsche Feinstrukturkonstante. Auch wenn sie erst in der „geläuterten" Fassung in [Sommerfeld, 1916a] als solche auftrat, deutete sich schon in der vorläufigen Form in A2 und in dem darauf bezugnehmenden Feldpostbrief von Lenz an, dass dieser Zahl künftig eine besondere Bedeutung zukommen würde. Zunächst trat sie nur als eine Abkürzung für eine aus anderen Naturkonstanten zusammengesetzte Größe in Erscheinung [Kragh, 2003]. Sommerfeld sah in dieser „Verhältniszahl" aber für Fragen des Atombaus eine besondere Bedeutung. In *Atombau und Spektrallinien* beschrieb er sie anschaulich als das Verhältnis der Umlaufgeschwindigkeit eines Elektrons, das sich im Wasserstoffatom „im ersten Bohrschen Kreise" um den Atomkern bewegt, zur Lichtgeschwindigkeit. Die Entwicklung der Quantenelektrodynamik zeigte dann, dass der Feinstrukturkonstante eine viel weiter reichende Bedeutung zukam, wenngleich sie vorerst nur Rätsel aufgab. Ein „wirkliches Verständnis für den Zahlwert Ihrer Konstante", so Heisenberg in einem Brief an Sommerfeld im Jahr 1935, „liegt noch in weiter Ferne, ich bin da nicht recht weitergekommen."[36]

Mit dem Lamb-Shift Experiment, das die Wechselwirkung des Elektrons im Wasserstoffatom mit seinem eigenen Feld aufzeigte, rückte die Feinstrukturkonstante erneut ins Zentrum theoretischer Deutungsversuche. Die winzige Verschiebung der Energieniveaus beruhe „auf der Kleinheit der sogenannten Feinstrukturkonstante", schrieb Pauli in seinem Artikel zu Sommerfelds achzigsten Geburtstag. „Die theoretische Deutung ihres numerischen Wertes ist eines der wichtigsten noch ungelösten Probleme der Atomphysik" [Pauli, 1948, S. 132]. Die Feinstrukturkonstante wurde als ein Maß für die Stärke der elektrodynamischen Wechselwirkung zwischen elektrisch geladenen Teilchen erkannt, die in der quantenfeldtheoretischen Beschreibung als Austausch von Lichtquanten beschrieben wird. Als Kopplungskonstante der Quantenelektrodynamik trat sie auch in Erscheinung, wenn es um die Berechnung verschiedenster Wechselwirkungen zwischen Elementarteilchen ging. Richard Feynman (1918–1988), der für seine Verdienste um die Quantenelektrodynamik mit dem Nobelpreis ausgezeichnet worden ist, sah in der Fein-

---

[36] Von Heisenberg, 14. Juni 1935. DMA, HS 1977–28/A,136. Auch in ASWB II.

Abb. 4.6 Sommerfeldbüste mit Feinstrukturkonstante vor dem „Arnold Sommerfeld Hörsaal" im Institut für Theoretische Physik der Ludwig-Maximilians-Universität in München (DMA CD 66597)

strukturkonstante „eins der *größten* Geheimnisse der Physik, eine *magische Zahl*, die das menschliche Erkenntnisvermögen übersteigt, als wäre sie von der ‚Hand Gottes' geschrieben" [Feynman, 1990, S. 148].

Teil II
Sommerfelds Abhandlungen 1915/16

Sitzungsberichte

der

mathematisch-physikalischen Klasse

der

K. B. Akademie der Wissenschaften

zu München

1915. Heft I

Januar- bis Märzsitzung

München 1915

Verlag der Königlich Bayerischen Akademie der Wissenschaften

in Kommission des G. Franz'schen Verlags (J. Roth)

A. Sommerfeld, *Die Bohr-Sommerfeldsche Atomtheorie*, Klassische Texte der Wissenschaft,
DOI 10.1007/978-3-642-35115-0_5, © Springer-Verlag Berlin Heidelberg 2013

63

III

Inhaltsübersicht.

IV   Inhaltsübersicht

425

Zur Theorie der Balmerschen Serie.

Von A. Sommerfeld.

Vorgetragen in der Sitzung am 6. Dezember 1915.

Die Theorie des Balmerschen Wasserstoffspektrums scheint
auf den ersten Blick durch die wunderbaren Untersuchungen
von N. Bohr zum Abschluß gebracht zu sein. Bohr konnte
nicht nur die allgemeine Form des Seriengesetzes, sondern
auch den Zahlenwert der darin eingehenden Konstanten und
seine Verfeinerung unter Berücksichtigung der Kernbewegung
erklären. Man darf sogar sagen, daß die Leistungsfähigkeit
der Bohrschen Theorie vorläufig beschränkt ist auf diese Wasserstoffserie und auf die wasserstoff-ähnlichen Serien (ionisiertes
Helium, Röntgenspektren, Serien-Enden sichtbarer Spektren).
Trotzdem möchte ich zeigen, daß auch die Theorie der Balmer-
serie in gewissem Sinne eine Lücke aufweist, sobald man nämlich nichtkreisförmige (also im Falle des Wasserstoffatoms elliptische) Bahnen zuläßt. Ich werde diese Lücke ausfüllen durch
eine Vertiefung des Quantenansatzes und dabei zugleich die
Sonderstellung des Wasserstoffspektrums beleuchten: Während
die anderen Elemente eine Reihe verschiedener Serien (Hauptserie, Nebenserien und ihre Kombinationen) und verschiedener
Serientypen aufweisen (einfache Serien, Dublet-, Tripletserien),
hat der Wasserstoff (von dem noch dunkeln Viellinienspektrum
abgesehen) nur die einzige Balmersche Serie. Nach der hier
vorzutragenden Auffassung erklärt sich dies daraus, daß in der
Balmerschen Serie eine Reihe von Serien zusammenfallen, daß
nämlich jede ihrer Linien auf eine gewisse Anzahl verschiedener

426   A. Sommerfeld

Arten entstehen kann, nicht nur durch Kreisbewegungen, sondern auch durch elliptische Bahnen von gewissen Exzentrizitäten.
Diese eigenartige Linienkoinzidenz, die beim Wasserstoff nur
durch die besondere Einfachheit der Keplerschen Bewegung
oder, was dasselbe ist, durch die besondere Einfachheit der
Konstitution des Wasserstoffatoms zustande kommt, kann, wie
man leicht übersieht, bei anderen Elementen nicht mehr statt
haben. Hier werden vielmehr die den verschiedenen Ellipsenbahnen analogen, aber entsprechend komplizierter gestalteten
Bahntypen je zu verschiedenen Linien führen, die sich weiterhin in verschiedene Serientypen anordnen lassen werden. Das
allgemeine Serienschema würde dann nicht mehr von zwei
ganzen Zahlen n und m, sondern (vorbehaltlich weiterer Verallgemeinerung) von vier ganzen Zahlen n, n' und m, m' ab-
hängen, in der Form

$$\frac{\nu}{N} = \varphi(n, n') - \varphi(m, m')$$

und die Besonderheit des Wasserstoffs würde darin bestehen,
daß hier $\varphi(n, n') = \varphi(n + n') = (n + n')^{-2}$ wäre.

Ich habe diese Dinge bereits vor einem Jahr in einer Vorlesung vorgetragen, ihre Veröffentlichung aber zurückgestellt,
da ich beabsichtigte, sie u. a. für die Auffassung des Stark-
effektes fruchtbar zu machen. Diese Absicht scheiterte indessen
vorläufig an der inzwischen auch von Bohr stark betonten
Schwierigkeit, den Quantenansatz anzuwenden auf nicht-periodische Bahnen, in welche ja die Keplerschen Ellipsen durch
ein elektrisches Feld auseinander gezogen werden. Auf diese
und ähnliche Anwendungsmöglichkeiten werde ich am Schlusse
hinweisen; in der Hauptsache beschränke ich mich hier auf
die Darstellung der allgemeinen Überlegungen, die, wie ich
glaube, bei der weiteren Ausgestaltung des Bohrschen Serien-
modelles eine entscheidende Rolle spielen werden.

Zur Theorie der Balmerschen Serie.   427

§ 1. Der Quantenansatz für periodische Bahnen.

Vor jeder Anwendung der Wahrscheinlichkeitsrechnung hat man sich die Frage nach den gleich-wahrscheinlichen Fällen (nach der Richtigkeit der zu benutzenden Würfel) vorzulegen. Auf dem Gebiete der statistischen Mechanik liefert hierfür den einzigen Anhaltspunkt der Liouvillesche Satz. Dieser sagt bekanntlich aus, daß gleichgroße Elemente des „Phasenraumes" (q, p) gleich wahrscheinlich sind, insofern und weil sie zeitlich ineinander übergeführt werden. q sind die Lagenkoordinaten, p die zugehörigen Impulskoordinaten

$$p = \frac{\partial T}{\partial \dot{q}},$$

T ist die lebendige Kraft, und man hat soviel Koordinaten q und p, als man Freiheitsgrade des Systems hat. Indem man die Elemente $\Pi(dq\,dp)$ des Phasenraumes betrachtet, operiert man von Anfang an mit kontinuierlichen Wahrscheinlichkeiten. Die Quantentheorie ersetzt diese durch diskrete Wahrscheinlichkeiten und betrachtet statt des Phasenelementes $dq\,dp$ als Elementarbereich der Wahrscheinlichkeit das endliche Phasenintegral
$$\int dq\,dp = h.$$

Wir erinnern an eine berühmte, bei Planck nicht hingezeichnete Ellipsenfigur für den harmonischen linearen Resonator. In der Zustandsebene der q, p beschreibt der Resonator eine Ellipse, deren Hauptachsenverhältnis durch Trägheit m und Schwingungszahl ν des Resonators gegeben ist und längs der seine Energie konstant ist. Von dem hiernach bestimmten System ähnlicher Ellipsen werden in der ursprünglichen Fassung der Quantentheorie diejenigen Ellipsen als allein mögliche Zustandskurven hervorgehoben, die zwischen sich den Flächeninhalt h einschließen. Für die Energie W dieser ausgezeichneten Ellipsen gilt $W = nh\nu$, d. h. die Vorstellung der Energieelemente $h\nu$ folgt für den linearen Resonator aus der Forderung der endlichen Phasenelemente h.

28*

428   A. Sommerfeld

Debye[1]) hat das Plancksche Verfahren auf eine beliebige periodische Bewegung von einem Freiheitsgrade ausgedehnt, und Ehrenfest[2]) hat dasselbe angewandt auf den Fall der einfachen Rotation. Handelt es sich um einen Massenpunkt m, der auf dem Kreise vom Radius a gleichförmig rotiert, so ist

$$q = \varphi, \quad T = \frac{m}{2} a^2 \dot\varphi^2, \quad p = m a^2 \dot\varphi = \text{konst.}$$

Die Zustände gleichförmiger Rotation werden in der q, p-Ebene durch Geraden parallel der q-Achse dargestellt; statt der Ellipsenringe beim Resonator ergeben sich hier Rechtecke von der Grundlinie 2π, dem Zustandsbereich der Variabeln $q = \varphi$, und der Höhe $\frac{h}{2\pi}$ derart, daß der Rechteckinhalt wie verlangt gleich h wird. Die aufeinander folgenden ausgezeichneten Zustände sind hier also bestimmt durch $p = \frac{nh}{2\pi}$; an die Stelle der diskreten Energieelemente beim schwingenden Massenpunkt tritt also beim rotierenden Massenpunkt der Bohrsche Ansatz der diskreten Impulselemente.

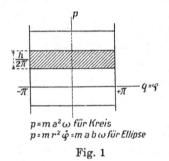

$p = m a^2 \omega$ für Kreis
$p = m r^2 \dot\varphi = m\,a\,b\,\omega$ für Ellipse

Fig. 1

Nach diesen vorbereitenden Beispielen wollen wir den Quantenansatz allgemein formulieren. Wir denken uns in der q, p-Ebene die Bildkurven einer einfach unendlichen Schar von Bahnkurven konstruiert und betrachten die Fläche zwischen irgend zweien der Bildkurven. Sind die Bildkurven geschlos-

---

[1]) Vorträge über die kinetische Theorie der Materie, 1913, p. 27.
[2]) Deutsche Physik. Ges., 1913, p, 451. Verf. beschreibt in den Gl. (7) und (8) die Figur so, als ob sie aus dem Nullpunkt und den Streckenpaaren $\pm \frac{nh}{2\pi}$ bestände, wobei der Nullpunkt der Rotation Null entsprechen würde. Es ist offenbar naturgemäßer, die Rotation Null ebenfalls durch die Strecke $-\pi$ bis $+\pi$ darzustellen, wie es in unserer Fig. 1 geschieht, da die Orientierung des Massenpunktes bei der Rotation Null beliebig ist.

sene, wie beim Resonator, so ist die Fläche direkt definiert. Andernfalls nehmen wir wie beim rotierenden Massenpunkt an, daß sie durch Hülfslinien (dort die Geraden $\varphi = \pm \pi$) zu geschlossenen ergänzt werden können, infolge irgend welcher Periodizitäts- oder Symmetrie-Eigenschaft der Bahnen. Innerhalb der unendlichen Schar unserer Bildkurven zeichnen wir nun eine diskrete Menge aus durch die Forderung, daß die Fläche zwischen der $n-1$ten und der $n$ten dieser Kurven gleich h sein soll. Bezeichnen wir die Ordinaten dieser Kurven der Reihe nach mit p_0, p_1, p_2, . . ., so schreibt sich unsere Forderung bei Ausführung der Integration nach p folgendermaßen:

$$\int\int dp\,dq = \int p_n\,dq - \int p_{n-1}\,dq = h.$$

Bezüglich des Vorzeichens möge festgesetzt werden, daß die Integration nach q im Sinne des Ablaufs der Bewegung (der fortschreitenden Zeit) genommen werde. Ferner wollen wir annehmen, daß die Kurve p_0 so gewählt werden kann, daß

$$\int p_0\,dq = 0$$

sei; diese Annahme ist in unseren beiden Beispielen erfüllt, indem die Bildkurve des ruhenden Resonators ein Punkt ist (der Mittelpunkt des Planckschen Ellipsensystems), die des ruhenden Rotators ein Stück der q-Achse selbst. Schreiben wir daraufhin unsere Quantenforderung der Reihe nach für $n = 1, 2, 3, \ldots$ hin, so ergibt sich:

$$\int p_1\,dq = h$$
$$\int p_2\,dq - \int p_1\,dq = h$$
$$\int p_3\,dq - \int p_2\,dq = h$$
$$\cdot\quad\cdot\quad\cdot\quad\cdot\quad\cdot\quad\cdot\quad\cdot\quad\cdot\ ;$$

durch Summation folgt:

(I)　　　　　　　$$\int p_n\,dq = nh.$$

Die links stehende Größe nennen wir das Phasenintegral. Es ist nur definiert für periodische oder quasiperiodische Bahnen. (Unter quasiperiodischen Bahnen mögen solche verstanden wer-

430   A. Sommerfeld

den, auf denen, wie bei der Bahn des sphärischen Pendels,
jedem Punkt ein späterer zugeordnet werden kann, in dem und
von dem ab die Bewegung entsprechend verläuft.)

Wir zeigen, daß das Phasenintegral eine notwendig positive Größe ist, daß die Quantenzahl n also eine wirkliche
(positive) Zahl ist. Wir denken uns zu dem Ende solche
(orthogonale) Koordinaten q benutzt, daß in der quadratischen

Form T nur die quadratischen Glieder $\dfrac{A_i}{2}\,\dot{q}_i^2$, nicht die Produkt-

glieder $\dot{q}_i\,\dot{q}_k$ auftreten, wobei wegen des positiven Charakters
von T die als Funktion der Koordinaten zu denkende Funktion
$A > 0$ sein wird. Dann wird der zu $q = q_i$ gehörige Impuls
$p = A\dot{q}_i$ und daher das Phasenintegral

$$\int p\,dq = \int p\dot{q}\,dt = \int A\dot{q}_i^2\,dt > 0.$$

Die Einführung orthogonaler Koordinaten in T ist immer
möglich; die später zu benutzenden Polarkoordinaten genügen
von selbst dieser Bedingung. Jedenfalls braucht man nur
solche Koordinaten zu verwenden, für die das Phasenintegral
ebenso wie für orthogonale positiv wird.

Es ist der Hauptgegenstand dieser Arbeit, die Anwendung
des Ansatzes (I) auf die Keplersche Bewegung zu studieren
und seine Durchführbarkeit zu zeigen. Die Keplersche Bewegung finde unter dem Einfluß einer Newtonschen oder Coulombschen Kraft statt, zunächst um ein festes Zentrum. Auf die
Bewegung im Azimute φ können wir die vorige Figur direkt
übertragen. Die zugehörige Impulskoordinate ist hier die
Flächenkonstante p, die Zustandskurven werden also wieder
Geraden parallel der q-Achse; unser Ansatz (I) zeichnet unter
diesen diejenigen quantenhaft aus, für welche gilt

(1) $$\int p\,dq = p\int_0^{2\pi} d\varphi = 2\pi p = n h.$$

Wir wollen betonen, daß wir, um unserem quantentheoretischen Standpunkt getreu zu bleiben, die dynamisch definierte
Flächenkonstante p, nicht eine durch die mittlere Umlaufs-

Zur Theorie der Balmerschen Serie.   431

geschwindigkeit ω definierte, nur kinematisch bestimmte Größe dem Quantenansatz unterwerfen müssen. Dieser Unterschied ist wesentlich für die Beurteilung der im folgenden Paragraphen zu besprechenden Schwierigkeit. Der Zusammenhang zwischen p und ω ist der folgende:

$$p = m\,a\,b\,\omega = m\,a^2\,\sqrt{1-\varepsilon^2}\,\omega$$

(a, b = große und kleine Hauptachse der Ellipse, ε = numerische Exzentrizität, $a\,b\,\omega$ = doppelte Fläche der Ellipse, geteilt durch Umlaufzeit, also = mittlere Flächengeschwindigkeit). Soviel ich sehe, ist Herr Bohr geneigt,[1] nicht die Größe $2\,\pi\,p$, sondern

(1 a) $$2\,\pi\,m\,a^2\,\omega = \frac{2\,\pi\,p}{\sqrt{1-\varepsilon^2}} = n\,h$$

zu setzen, wodurch die hervorzuhebende Schwierigkeit allerdings scheinbar vermieden wird. Abgesehen von der allgemeinen Folgerichtigkeit des quantentheoretischen Standpunktes in unserem Ansatz (1) und der künstlichen Bevorzugung der großen Achse a in dem Ansatz (1 a) werde ich zu Gunsten des Ansatzes (1) in § 4 den Fall der kreisförmigen Rotation von Elektron und Kern um ihren gemeinsamen Schwerpunkt heranziehen, der Bohr zu der bedeutenden, inzwischen experimentell bestätigten Entdeckung der Abhängigkeit der Rydbergschen Konstanten N vom Atomgewicht des fraglichen Elementes geführt hat. In diesem Falle kommt man zu dem von Bohr vorhergesagten tatsächlichen Wert von N vollkommen ungezwungen, wenn man die Flächenkonstante p, d. h. den Gesamtimpuls von Elektron und Kern, nicht eine aus Abstand und Umlaufsgeschwindigkeit gebildete kinematische Größe gleich einem vielfachen von h setzt.

---

[1] Ich vermute dieses nach den allgemeinen Erörterungen zu Beginn seiner ersten Arbeit, Phil. Mag. 26, pag. 3, wo alle Bewegungs-Elemente durch a und ω dargestellt werden. Eine ausdrückliche Formulierung des Ansatzes (1 a) habe ich bei Bohr nicht gefunden.

432   A. Sommerfeld

Es sei schon hier bemerkt, daß die Anwendung des Quantenansatzes auf die einzelne Zustandskoordinate φ nach dem Vorangehenden zwar nahe liegt, aber eine neue Hypothese enthält.
Bei dem Planckschen Oscillator oder der einfachen Rotation
haben wir nur einen Freiheitsgrad und können bezüglich der
Berechnung des Phasenintegrals nicht im Zweifel sein. Bei
der Keplerschen Bewegung dagegen haben wir zwei Freiheitsgrade; die Begriffsbestimmung des Phasenintegrals ist daher
hier nicht mehr eindeutig. Inwiefern unser Ansatz vom
Koordinatensystem unabhängig ist, wollen wir später erörtern.

§ 2. Die Energie der Keplerschen Bewegung.

Bekanntlich benutzt die Bohrsche Theorie noch an einer
anderen Stelle einen Quantenansatz, indem sie die ermittierte
Schwingungszahl durch die Energiedifferenz des Überganges
aus der ursprünglichen in die spätere Bahn des Elektrons
ausdrückt:

(II) $$h\nu = W_m - W_n$$

Ich glaube, daß diese Verwendung der Quantentheorie, trotz
ihrer außerordentlichen Leistungsfähigkeit in Hinsicht auf das
Kombinationsprinzip der Spektrallinien, doch nur provisorisch
ist. Um z. B. beim Zeeman-Effekt die scharfe Polarisation
der Zerlegungslinien zu erklären, wird es nötig sein, den
Übergang im Einzelnen zu verfolgen und sich nicht zu begnügen mit einer pauschalen Energiebilanz. Um dieses Ziel
zu erreichen, müßten ganz neue Gesetze der Mechanik gefunden
werden. Handelt es sich doch in der gewöhnlichen Mechanik
stets um Vorgänge, bei denen Energie und Impuls im Prinzip
erhalten bleiben, hier dagegen um Übergänge, bei denen Energie
und Impuls in charakteristischer Weise abgeändert werden.

Um den Bohrschen Ansatz (II), dem wir uns natürlich
einstweilen anschließen müssen, verwenden zu können, müssen
wir die Energie der Keplerschen Bewegung durch die Flächenkonstante p und die Exzentrizität ε ausdrücken. Wir könnten
uns hierbei auf wohlbekannte Tatsachen der Mechanik stützen.

Ich ziehe es aber vor, die Formeln kurz abzuleiten, teils wegen anschließender Verallgemeinerungen, teils weil mir die folgende Ableitung besonders einfach scheint.

Nimmt man die Kernladung gleich $+e$ und die Kernmasse zunächst als ∞ an und beschreibt die Bewegung des Elektrons m teils durch rechtwinklige Koordinaten x, y, teils durch Polarkoordinaten r, φ mit dem Kern als Zentrum, so gilt

$$p = m\,r^2\,\dot\varphi,$$

$$(2) \qquad \frac{d}{d\,t}\,m\,\dot x = -\frac{e^2}{r^2}\cos\varphi, \quad \frac{d}{d\,t}\,m\,\dot y = -\frac{e^2}{r^2}\sin\varphi.$$

Ersetzt man

$$(3) \qquad \frac{d}{d\,t} \text{ durch } \dot\varphi\,\frac{d}{d\varphi} = \frac{p}{m\,r^2}\frac{d}{d\varphi}$$

und führt man die Abkürzung $\sigma = \dfrac{1}{r}$ ein, so wird

$$m\,\dot x = \frac{p}{r^2}\frac{d}{d\varphi}(r\cos\varphi) = -p\left(\sigma\sin\varphi + \frac{d\sigma}{d\varphi}\cos\varphi\right)$$

$$m\,\dot y = \frac{p}{r^2}\frac{d}{d\varphi}(r\sin\varphi) = -p\left(\sigma\cos\varphi - \frac{d\sigma}{d\varphi}\sin\varphi\right).$$

Statt (2) kann man also schreiben:

$$-\frac{p^2}{m\,r^2}\frac{d}{d\varphi}\left(\sigma\sin\varphi + \frac{d\sigma}{d\varphi}\cos\varphi\right) =$$

$$-\frac{p^2}{m\,r^2}\cos\varphi\left(\frac{d^2\sigma}{d\varphi^2} + \sigma\right) = -\frac{e^2}{r^2}\cos\varphi,$$

$$\frac{p^2}{m\,r^2}\frac{d}{d\varphi}\left(\sigma\cos\varphi - \frac{d\sigma}{d\varphi}\sin\varphi\right) =$$

$$-\frac{p^2}{m\,r^2}\sin\varphi\left(\frac{d^2\sigma}{d\varphi^2} + \sigma\right) = -\frac{e^2}{r^2}\sin\varphi.$$

Indem man den Faktor $\dfrac{\cos\varphi}{r^2}$ bzw. $\dfrac{\sin\varphi}{r^2}$ beiderseits hebt, folgt aus beiden Gleichungen gemeinsam:

434 A. Sommerfeld

(4)
$$\frac{d^2\sigma}{d\varphi^2} + \sigma = \frac{m\,e^2}{p^2},$$

also durch Integration

$$\sigma = \frac{m\,e^2}{p^2} + A\cos\varphi + B\sin\varphi.$$

Nimmt man $\varphi = 0$ zum Perihel, so wird

$$B = 0 \quad \text{wegen} \quad \frac{d\sigma}{d\varphi} = 0 \quad \text{für} \quad \varphi = 0$$

$$A = \frac{m\,e^2}{p^2}\,\varepsilon \quad \text{wegen} \quad \frac{1+\varepsilon}{1-\varepsilon} = \frac{\sigma(0)}{\sigma(\pi)} = \frac{1 + \dfrac{A\,p^2}{m\,e^2}}{1 - \dfrac{A\,p^2}{m\,e^2}}.$$

Wir erhalten also die gewöhnliche Polargleichung der Ellipse in der Form

(5)
$$\sigma = \frac{1}{r} = \frac{m\,e^2}{p^2}\,(1 + \varepsilon\cos\varphi).$$

Hieraus folgt wegen (3)

(6)
$$\begin{cases} \dot{r} = \dfrac{p}{m\,r^2}\,\dfrac{dr}{d\varphi} = -\dfrac{p}{m}\,\dfrac{d\sigma}{d\varphi} = \dfrac{e^2}{p}\,\varepsilon\sin\varphi. \\[2ex] r\dot{\varphi} = \dfrac{p}{m\,r} = \dfrac{p}{m}\,\sigma = \dfrac{e^2}{p}\,(1 + \varepsilon\cos\varphi). \end{cases}$$

Für die kinetische Energie erhält man nach (6):

$$T = \frac{m}{2}\,(\dot{r}^2 + r^2\dot{\varphi}^2) = \frac{m}{2}\,\frac{e^4}{p^2}\,(\varepsilon^2\sin^2\varphi + (1 + \varepsilon\cos\varphi)^2)$$

$$= \frac{m\,e^4}{p^2}\left(\frac{1+\varepsilon^2}{2} + \varepsilon\cos\varphi\right),$$

für die potentielle Energie nach (5):

$$V = -\frac{e^2}{r} = -\frac{m\,e^4}{p^2}\,(1 + \varepsilon\cos\varphi),$$

für die Gesamtenergie also

(7)
$$W = T + V = -\frac{m\,e^4}{2\,p^2}\,(1 - \varepsilon^2).$$

Zur Theorie der Balmerschen Serie.   435

Das Wesentliche an diesem Resultat ist die Art, wie die Exzentrizität ε in dasselbe eingeht. Daß die Gesamtenergie (ebenso wie bei Bohr) mit negativem Zeichen erscheint, braucht uns nicht zu überraschen. Ist sie doch nur bis auf eine willkürliche additive Konstante definiert. Z. B. würden wir nach der Relativitätstheorie noch die weit überwiegende Massenenergie mc^2 und Mc^2 des Elektrons und des Kernes hinzuzufügen haben, durch welche der Ausdruck für W sofort positiv werden würde.

Tragen wir in (7) unsern Quantenansatz (1) ein und schreiben wir zur Unterscheidung ε_n statt ε, so ergibt sich

$$W = W_n = - \frac{2\pi^2 m e^4}{h^2} \frac{1 - \varepsilon_n^2}{n^2} = - Nh \frac{1 - \varepsilon_n^2}{n^2}$$

mit Benutzung des Bohrschen Wertes für die Rydbergsche Konstante N. Dieser Ausdruck von W hängt in kontinuierlicher Weise von der Exzentrizität ε_n ab. Bilden wir in gleicher Weise die Energie W_m für eine andere Bahn von der Exzentrizität ε_m und dem Impulsmomente $2\pi p = mh$, so folgt durch den Quantenansatz (II) nicht die Balmersche Serie

$$\nu = N\left(\frac{1}{n^2} - \frac{1}{m^2}\right)$$

mit scharfen, ganzzahlig durch m und n definierten Linien, sondern

$$(8) \qquad \nu = N\left(\frac{1 - \varepsilon_n^2}{n^2} - \frac{1 - \varepsilon_m^2}{m^2}\right),$$

also eine Folge von Schwingungszahlen, welche bei kontinuierlich veränderlichen Exzentrizitäten vollkommen unscharf wäre: keine diskrete Serie, sondern ein verwaschenes Band.

Wollen wir also dem Elektron nicht überhaupt verbieten, außer Kreisen auch Ellipsenbahnen zu beschreiben, so ergibt sich unabweislich die Forderung, auch die Exzentrizitäten quantenhaft zu arithmetisieren und an gewisse ganzzahlige Werte zu binden.

436   A. Sommerfeld

Es sei denn, daß wir den Quantenansatz (1) aufgeben und

uns dem Ansatze (1a) anschließen. Da bei diesem $\dfrac{p}{\sqrt{1-\varepsilon^2}}$

an die Stelle von p tritt, würde sich allerdings aus (7), unabhängig von ε, ergeben:

$$W_n = -\frac{Nh}{n^2} \text{ und } \nu = N\left(\frac{1}{n^2} - \frac{1}{m^2}\right).$$

Wie indessen am Ende des vorigen § erörtert wurde, müssen
wir diesen Notbehelf als zu künstlich abweisen.

§ 3. Quantenbedingung für die Exzentrizität.

Nachdem wir gesehen haben, daß die Exzentrizität der
Ellipsenbahnen nicht kontinuierlich veränderlich sein darf,
sondern auf ausgezeichnete diskrete Werte zu beschränken ist,
erhebt sich die Frage nach einer Quantenbedingung für die
Exzentrizität. Der einfachste Ansatz führt sogleich zu einem
überzeugenden Ergebnis.

Wir übertragen den Quantenansatz (I) wörtlich von der
azimutalen Koordinate $q = \varphi$ auf die radiale Koordinate $q = r$.
Der zugehörige Impuls ist $p_r = \dfrac{\partial T}{\partial \dot r} = m\dot r$ im Falle unendlicher

Kernmasse. Wir betrachten unser Phasenintegral $\int p\,dq =$
$\int p_r\,dr$ erstreckt über einen vollen Umlauf und setzen dasselbe
nach (I) gleich einem ganzen Vielfachen n' von h; also

(9) $$\int p_r\,dr = \int m\dot r\,dr = \int_0^{2\pi} m\dot r\,\frac{dr}{d\varphi}\,d\varphi = n'h.$$

In den nach r genommenen Integralen würde die Integration etwa von der Periheldistanz $r = (1-\varepsilon)\,a$ bis zur
Apheldistanz $r = (1+\varepsilon)\,a$ und wieder zurück zur Periheldistanz zu erstrecken sein; indem wir auch hier φ als formale
Integrationsvariable wählen, erzielen wir die einfacheren Integrationsgrenzen 0 und 2π und eindeutige Abhängigkeit des
Integranden von der Integrationsvariabeln.

Zur Theorie der Balmerschen Serie.   437

Zur geometrischen Veranschaulichung unseres Ansatzes (9) betrachten wir in der Phasenebene q, p die Bilder eines Systems von Bahnkurven, indem wir $q = r$ und $p = p_r$ als rechtwinklige Koordinaten benützen. Die Ordinaten p der aufeinanderfolgenden quantenhaft auszuzeichnenden Kurven des Systems mögen wie in § 1 als p_0, p_1, p_2, ... unterschieden werden. p_0 sei im Besonderen eine Kreisbahn, für welche also $\dot r = 0$, $p_0 = 0$ ist, so daß wie in § 1 festgesetzt wurde

$$\int p_0 \, dq = 0$$

wird. Unser Bahnsystem sei etwa durch konstante Werte der Flächenkonstante p (für die wir aber hier der Deutlichkeit wegen f schreiben wollen) bei wachsenden Werten der Exzentrizität ε definiert. Die Bildkurven dieses Bahnsystems sind

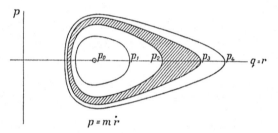

Fig. 2

sämtlich geschlossene Kurven, jede folgende schließt die vorhergehende ein. Als Gleichung des Systems ergibt sich nach (5) und (6) durch Elimination von φ

$$\frac{p^2}{f^2} + \left(\frac{1}{q} - \frac{m\,e^2}{f^2}\right)^2 = \left(\frac{m\,e^2\,\varepsilon}{f^2}\right)^2,$$

also eine Gleichung vierter Ordnung zwischen den Variabeln p und q mit den Konstanten f und $\dfrac{m\,e^2}{f}$ und dem Parameter ε. Der Flächenring zwischen zwei aufeinander folgenden Kurven der Reihe p_0, p_1, p_2, ..., die durch unsere Quantenbedingung (9) aus der Gesamtschar herausgehoben werden, ist konstant gleich h.

438   A. Sommerfeld

Übrigens sind die Einzelheiten der Figur und der Kurvenform
für unsere Zwecke belanglos und hier nur der größeren An-
schaulichkeit wegen wiedergegeben.

Wir haben nunmehr das Phasenintegral in Gl. (9) durch
die Exzentrizität ε auszudrücken, wobei wir uns auf die früheren Formeln für die Ellipsenbewegung zu stützen haben.
Zunächst ist nach der Ellipsengleichung (5)

$$\frac{dr}{d\varphi} = -\frac{1}{\sigma^2}\frac{d\sigma}{d\varphi} = \frac{p^2\,\varepsilon}{m\,e^2}\frac{\sin\varphi}{(1+\varepsilon\cos\varphi)^2},$$

andererseits nach (6)

$$m\,\dot{r} = \frac{m\,e^2\,\varepsilon}{p}\sin\varphi,$$

daher nach (9)

$$\int p_r\,dr = p\varepsilon^2\int_0^{2\pi}\frac{\sin^2\varphi}{(1+\varepsilon\cos\varphi)^2}\,d\varphi.$$

Das Integral läßt sich durch partielle Integration um-
formen und auf ein bekanntes Integral reduzieren. Man hat
nämlich:

$$\varepsilon^2\int_0^{2\pi}\frac{\sin^2\varphi\,d\varphi}{(1+\varepsilon\cos\varphi)^2} = -\varepsilon\int_0^{2\pi}\frac{\cos\varphi\,d\varphi}{1+\varepsilon\cos\varphi} = \int_0^{2\pi}\left(\frac{1}{1+\varepsilon\cos\varphi}-1\right)d\varphi.$$

Nun ist aber bekanntlich (am bequemsten durch Integration
in der komplexen Ebene der Variabeln $e^{i\varphi}$ zu verifizieren):

$$\frac{1}{2\pi}\int_0^{2\pi}\frac{d\varphi}{1+\varepsilon\cos\varphi} = \frac{1}{\sqrt{1-\varepsilon^2}}.$$

Man findet also

$$(10) \qquad p\,\varepsilon^2\int_0^{2\pi}\frac{\sin^2\varphi\,d\varphi}{(1+\varepsilon\cos\varphi)^2} = 2\,\pi\,p\left(\frac{1}{\sqrt{1-\varepsilon^2}}-1\right).$$

Zur Theorie der Balmerschen Serie.   439

Setzen wir dies nach (9) gleich $n'h$ und zugleich nach Früherem $2\pi p = nh$, so ergibt sich als unsere neue Quantenbedingung

(11) $$\frac{1}{\sqrt{1-\varepsilon^2}} - 1 = \frac{n'}{n}, \quad 1 - \varepsilon^2 = \frac{n^2}{(n+n')^2}.$$

Die gewünschte quantenmäßige Heraushebung ausgezeichneter diskreter Werte der Exzentrizität ist damit gefunden. Nunmehr tragen wir diesen Wert in den Energieausdruck (7) ein, zugleich mit $2\pi p = nh$, und erhalten

(III) $$W = -\frac{2\pi^2 m e^4}{h^2} \frac{1}{(n+n')^2} = -\frac{Nh}{(n+n')^2}.$$

Dies Resultat ist im höchsten Grade überraschend und von schlagender Bestimmtheit. Nicht nur sind die weiterhin zulässigen Energiewerte ganzzahlig diskret geworden, sondern es hat sich der frühere Nenner n^2 gerade herausgehoben, derart, daß das Resultat nur noch von $n + n'$ abhängt. Die Energie ist also eindeutig bestimmt durch die Summe der Wirkungsquanten, die wir auf die azimutale und die radiale Koordinate beliebig verteilen können. Es scheint mir ausgeschlossen, daß ein so präzises und folgenreiches Ergebnis einem algebraischen Zufall zuzuschreiben sein könnte; ich sehe darin vielmehr eine überzeugende Rechtfertigung für die Ausdehnung des Quantenansatzes auf die radiale Koordinate resp. für die gesonderte Anwendung dieses Ansatzes auf die beiden Freiheitsgrade unseres Problems.

Aus dem Energieausdruck (III) ergibt sich nun sofort die Balmersche Serie, wenn wir neben der Bahn mit den Quantenzahlen n, n' (Endbahn des Elektrons) eine zweite mit den Quantenzahlen m, m' (Anfangsbahn des Elektrons) betrachten. Nach dem Quantengesetz (II) erhält man nämlich

(IV) $$\nu = N\left(\frac{1}{(n+n')^2} - \frac{1}{(m+m')^2}\right),$$

d. h. die Balmersche Serie in neuem Lichte, abhängig von vier ganzen Zahlen, die sich aber beim Wasserstoff sozusagen

440   A. Sommerfeld

zufällig auf zwei ganze Zahlen reduzieren. Durch Zulassung
unserer quantenhaft ausgezeichneten Ellipsenbahnen hat die
Serie nichts. an Linienzahl gewonnen und nichts an Schärfe
verloren. Statt des verwaschenen Bandes, von dem wir früher
sprachen, haben wir wieder die diskreten Balmerlinien, aber
in außerordentlich vervielfachter Mannigfaltigkeit ihrer Erzeugungsmöglichkeiten.

§ 4. Ergänzung betreffend die Mitbewegung des Kernes.

Der in (III) benutzte Wert für die Rydbergsche Konstante N ist bekanntlich nur insoweit richtig, als wir die Elektronenmasse gegen die Masse des Kernes vernachlässigen können.
Bei Berücksichtigung der Endlichkeit der Kernmasse tritt an
Stelle von m die unten zu definierende, aus Elektronenmasse
und Kernmasse resultierende Masse μ. Wir benutzen diese
inzwischen experimentell gesicherte Tatsache, um unseren
Quantenansatz (I) teils zu prüfen, teils zu erweitern.

Zu dem Ende setzen wir zunächst die Formeln für die
Bewegung von Elektron und Kern um ihren gemeinsamen
Schwerpunkt her. Sind $X\,Y\,R\,\Phi$ bzw. $x\,y\,r\,\varphi$ rechtwinklige
und Polarkoordinaten für Kern und Elektron mit dem Schwerpunkt als Anfangspunkt, so hat man zunächst als Flächensatz:

$$(12) \qquad p = m\,r^2\,\dot\varphi + M\,R^2\,\dot\Phi.$$

Bezeichnet man den jeweiligen Abstand von Kern und
Elektron mit ϱ
$$\varrho = R + r$$

und beachtet, daß nach dem Schwerpunktsatz ist

$$(13) \qquad M\,R = m\,r, \quad \Phi = \varphi + \pi,$$

so ergibt sich

$$(13\,\mathrm{a}) \quad R = \frac{m}{M + m}\,\varrho, \quad r = \frac{M}{M + m}\,\varrho, \text{ also } p = \mu\,\varrho^2\,\dot\varphi.$$

mit der Abkürzung μ für die „resultierende Masse"

$$(14) \qquad \mu = \frac{m\,M}{m + M}, \quad \frac{1}{\mu} = \frac{1}{m} + \frac{1}{M}.$$

Zur Theorie der Balmerschen Serie.   441

Die Bewegungsgleichungen lauten:

$$(15) \quad \begin{cases} \dfrac{d}{dt}\,\dot{X} = -\dfrac{1}{M}\,\dfrac{e^2}{\varrho^2}\cos\Phi, \quad \dfrac{d}{dt}\,\dot{Y} = -\dfrac{1}{M}\,\dfrac{e^2}{\varrho^2}\sin\Phi \\[2mm] \dfrac{d}{dt}\,\dot{x} = -\dfrac{1}{m}\,\dfrac{e^2}{\varrho^2}\cos\varphi, \quad \dfrac{d}{dt}\,\dot{y} = -\dfrac{1}{m}\,\dfrac{e^2}{\varrho^2}\sin\varphi. \end{cases}$$

Bildet man die Differenz der untereinander stehenden Gleichungen und schreibt ξ, η für $x-X$, $y-Y$, so erhält man, wie bekannt, die Gl. (2) mit $\xi\,\eta\,\mu\,\varrho$ statt $x\,y\,m\,r$. Es folgt also bei gleicher Rechnung wie oben die Bahngleichung (5) und bei entsprechend zu ergänzender Definition von T die Energiegleichung (7) in Abhängigkeit von der Exzentrizität ε der Relativbewegung, mit dem einzigen Unterschied, daß überall, insbesondere in dem Werte von N, μ an die Stelle von m tritt.

Es fragt sich nun, wie in diesem Falle — bei Vorhandensein zweier azimutaler Koordinaten φ, Φ und zweier radialer Koordinaten r, R — der Quantenansatz zu erweitern ist. Die Erweiterung muß so vorgenommen werden, daß schließlich wieder der Energieausdruck (III) und die Balmersche Formel (IV) zum Vorschein kommt, mit dem einzigen Unterschiede, daß in dem Wert der Rydbergschen Konstanten μ an Stelle von m tritt. Wir behaupten, daß diesem Gesichtspunkt der folgende Quantenansatz entspricht, der auch an sich der einfachste und nächstliegende ist:

$$(16) \quad \begin{cases} \int p_\varphi\, d\varphi + \int P_\Phi\, d\Phi = n\,h \\[2mm] \int p_r\, dr + \int P_R\, dR = n'\,h, \end{cases}$$

daß sich also die Phasenintegrale für das Elektron und den Kern additiv verhalten.

Die Bedeutung der hier eingeführten Bezeichnungen p, P ist ersichtlich die folgende:

$$p_\varphi = \frac{\partial T}{\partial\dot\varphi} = m\,r^2\,\dot\varphi, \quad p_r = \frac{\partial T}{\partial\dot r} = m\,\dot r,$$

$$P_\Phi = \frac{\partial T}{\partial\dot\Phi} = M\,R^2\,\dot\Phi, \quad P_R = \frac{\partial T}{\partial\dot R} = M\,\dot R.$$

442   A. Sommerfeld

Nach Gl. (12) ist aber $p_\varphi + P_\Phi = p = $ konstant, nach Gl. (13) überdies $d\Phi = d\varphi$. Daraufhin wird die erste Zeile von (16) identisch mit $2\pi p = nh$ oder mit Rücksicht auf (13 a)

(17) $2\pi\mu\varrho^2\dot\varphi = nh.$

Andererseits formen wir die zweite Zeile von (16) durch die Schwerpunktsbeziehungen (13 a) um. Wir erhalten

(18) $$\begin{cases} \int p_r\,dr \ = m\int \dot r\,dr \ = \dfrac{mM^2}{(M+m)^2}\int \dot\varrho\,d\varrho \\[2mm] \int P_R\,dR = M\int \dot R\,dR = \dfrac{Mm^2}{(M+m)^2}\int \dot\varrho\,d\varrho \\[2mm] \int p_r\,dr + \int P_R\,dR = \mu\int \dot\varrho\,d\varrho = n'h. \end{cases}$$

Diese Gleichung entspricht genau dem Ansatz (9) des vorigen Paragraphen mit dem einzigen Unterschiede, daß μ und ϱ an die Stelle von m und r getreten sind. In demselben Sinne entspricht Gl. (17) der Quantenbedingung für die frühere einzige azimutale Koordinate φ. Die weitere Ausrechnung läuft daher genau so wie im vorigen Paragraphen, wobei man die Ellipsengleichung für die Relativbewegung ϱ zu Grunde zu legen hat. Das Resultat wird durch Gl. (11) für die Exzentrizität und, wie verlangt, durch die Gl. (III) und (IV) für die Energie und die Serienformel dargestellt, bei abgeändertem N.

Der Ansatz (16) läßt sich auch von folgendem Standpunkte aus begründen. Man wähle von den beiden Koordinaten r, R die eine, z. B. r, aus als diejenige, durch die wir die Dynamik unseres Systems beschreiben wollen. Dann hat man die andere durch die Schwerpunktsgleichung $mr = MR$ auf jene zurückzuführen, insbesondere in dem Ausdruck der lebendigen Kraft

$$T = \frac{m}{2}\left(\dot r^2 + r^2\dot\varphi^2\right) + \frac{M}{2}\left(\dot R^2 + R^2\dot\Phi^2\right)$$

$$= \frac{m}{2}\left(1 + \frac{m}{M}\right)\left(\dot r^2 + r^2\dot\varphi^2\right).$$

Zur Theorie der Balmerschen Serie.   443

Zu der einmal bevorzugten Koordinate r gehört als Impulskoordinate des Systems, unter T den soeben umgeformten Ausdruck verstanden:

$$\bar{p}_r = \frac{\partial T}{\partial \dot{r}} = m \left(1 + \frac{m}{M} \right) \dot{r}.$$

Als Phasenintegral des Systems haben wir jetzt anzu-
sprechen:

$$\int p_r \, dr = m \left(1 + \frac{m}{M} \right) \int \dot{r} \, dr.$$

Daß dieses Integral mit (18) identisch ist, folgt aus der
Beziehung (13 a)

$$r = \frac{M}{M+m} \varrho,$$

der zufolge wir erhalten

$$\int \bar{p}_r \, dr = m \left(1 + \frac{m}{M} \right) \frac{M^2}{(M+m)^2} \int \dot{\varrho} \, d\varrho = \mu \int \dot{\varrho} \, d\varrho.$$

Die entsprechende Rechnung unter Bevorzugung von R
als radialer Systemkoordinate liefert

$$T = \frac{M}{2} \left(1 + \frac{M}{m} \right) (\dot{R}^2 + R^2 \dot{\Phi}), \quad \bar{P}_R = M \left(1 + \frac{M}{m} \right) \dot{R},$$

$$\int \bar{P}_R \, dR = \mu \int \dot{\varrho} \, d\varrho.$$

Derselbe Standpunkt (Elimination einer der beiden Koordinaten, Bevorzugung der anderen) läßt sich auch bei den
azimutalen Koordinaten einnehmen und führt hier entsprechend
auf Gl. (17). Unsere Quantenansätze in den Gleichungen (16)
erscheinen also auch von diesem Standpunkte aus als naturgemäß.

Schließlich kommen wir nochmals auf den Ausweg zurück, durch den abgeänderten Quantenansatz (1 a) die Schwierigkeit der kontinuierlichen Abhängigkeit der Energie von der
Exzentrizität zu beseitigen. Wenn dieser Ausweg schon bei
alleiniger Betrachtung des Elektrons reichlich künstlich erschien, so wird er mit Rücksicht auf die Mitbewegung des
Kernes noch schwerer gangbar. Im Anschluß an Gl. (1 a)

29*

444　　　　　　　　　　A. Sommerfeld

müßte man nämlich jetzt, um den Energieausdruck zu arithmetisieren,

$$\frac{2\,\pi\,p}{\sqrt{1-\varepsilon^2}} = 2\,\pi\,\mu\,a^2\,\omega = n\,h$$

setzen, also eine in ziemlich künstlicher Weise aus der mittleren
Umlaufsgeschwindigkeit ω, der größten Entfernung a von Kern
und Elektron und der mittleren Masse μ zusammengesetzte
Größe der Quantenbedingung unterwerfen. Man könnte fragen,
warum wird nicht statt der größten eine mittlere Entfernung
zu Grunde gelegt, warum wird gerade das dynamisch definierte
Massenmittel μ benutzt?

Noch größere Schwierigkeiten entstehen dem Quantenansatz (1a), wenn man die Veränderlichkeit der Masse nach
der Relativitätstheorie in Betracht zieht. Während es sich
im vorigen Falle nur um das Mittel μ zwischen den konstanten
Massen von Kern und Elektron handelte, müßte man hier bei
entsprechender Übertragung des Ansatzes (1a) mit einem komplizierten Zeitmittel der Massen oder mit den betreffenden
Ruhmassen rechnen, mit denen das Problem eigentlich nichts
zu tun hat. Dagegen handelt es sich bei unserem Ansatz
stets um die auch in der Relativitätstheorie eindeutig und
naturgemäß definierte Impulskonstante. Ich möchte indessen
an dieser Stelle nicht näher hierauf eingehen, da ich auf die
bedeutsame Rolle, welche der Relativität bei der weiteren Ausgestaltung unserer Theorie und bei ihrer experimentellen Sicher-
stellung zukommt, ohnehin in einer anschließenden Arbeit zu-
rückzukommen haben werde.

§ 5. Die zu einer Balmer-Linie gehörenden Ellipsenbahnen.

Wir wünschen uns ein Bild zu machen von Anzahl und
Gestalt derjenigen Bahnen, welche zu demselben Werte der
Energie W Anlaß geben. Es sind dies nach (III) alle diejenigen Ellipsen, für welche $n + n'$ denselben Wert hat, z. B.
den Wert $n + n' = 2$ wie in dem ersten Terme der sichtbaren Balmer-Serie oder den Wert $m + m' = 3, 4, 5, \ldots$ wie
in dem zweiten Term.

Zur Theorie der Balmerschen Serie.   445

Nach (1) und (11) ist

$$(19) \qquad 2\pi p = nh, \quad 1 - \varepsilon^2 = \frac{n^2}{(n+n')^2}.$$

Aus der Ellipsengleichung (5) folgt für das Perihel $(\varphi = 0; r = a(1-\varepsilon))$ oder das Aphel $(\varphi = \pi, r = a(1+\varepsilon))$:

$$(20\,\mathrm{a}) \qquad \frac{1}{a(1 \mp \varepsilon)} = \frac{me^2}{p^2}(1 \pm \varepsilon), \quad \text{also} \quad a = \frac{p^2}{me^2}\frac{1}{1-\varepsilon^2}.$$

Andrerseits ist nach Definition der Exzentrizität

$$(20\,\mathrm{b}) \qquad b = a\sqrt{1-\varepsilon^2} = \frac{p^2}{me^2}\frac{1}{\sqrt{1-\varepsilon^2}}.$$

Setzen wir die Werte von p und $1-\varepsilon^2$ aus (19) in (20 a, b) ein, so folgt:

$$(21) \qquad a = \frac{h^2}{4\pi^2 me^2}(n+n')^2, \quad b = \frac{h^2}{4\pi^2 me^2}n(n+n').$$

Für die Diskussion kommt namentlich in Betracht, daß die ganzen Zahlen n und n' notwendig positiv sind, wie in § 1 allgemein gezeigt wurde. Wir erhärten diese ebenso einfache wie folgenreiche Tatsache in unserem Falle folgendermaßen: Unter Absehung von der Bewegung des Kernes wird für unsere (orthogonalen) Polarkoordinaten r, φ:

$$p_r = m\dot{r}, \quad p_\varphi = mr^2\dot{\varphi}$$
$$\int p_r\,dr = \int m\dot{r}^2\,dt, \quad \int p_\varphi\,d\varphi = \int mr^2\dot{\varphi}^2\,dt.$$

Beide Phasenintegrale sind so sicher positiv, als der Fortschritt der Zeit positiv ist, da stets dr und $d\varphi$ wachsend im Sinne des Ablaufs der Bewegung gezählt wurden. Ebenso bei beweglichem Kern, wo sich n und n' nach (16) je aus zwei positiven Summanden zusammensetzen. Also haben wir stets eine positive Zahl von Quanten n und n'. Bezüglich der Zulässigkeit des Wertes Null ist folgendes zu bemerken. $n' = 0$ bedeutet nach (19) $\varepsilon = 0$, also die Kreisbahn, die wir jedenfalls als möglich erklären werden. $n = 0$ aber bedeutet $p = 0$, also Ausartung der Ellipsenfläche in eine doppelt zählende Gerade.

446   A. Sommerfeld

Das Elektron würde hierbei dem Kern unendlich nahe kommen
und von ihm vermutlich abprallen (vgl. Rutherfords Versuche
über die Ablenkung der α-Strahlen). Außerdem müßte die
Geschwindigkeit in dieser Bahn mit der Annäherung an den
Kern unendlich werden, so daß die bisherigen Rechnungen
ungültig werden würden und relativistisch zu modifizieren
wären. Jedenfalls werden wir die Bahn mit $n' = 0$ als höchst
problematisch ansehen und im folgenden nicht mitzählen; in
den Figuren ist sie punktiert eingetragen.

Zu den Gl. (21) ist zu bemerken, daß a bei gegebenem
$n + n'$ fest, b veränderlich ist. Wie es sein muß, gilt nach
(19) und (21) stets $0 \leq \varepsilon < 1$, $b \leq a$.

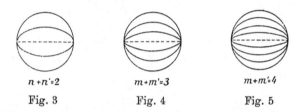

| $n + n' = 2$ | $m + m' = 3$ | $m + m' = 4$ |
| Fig. 3 | Fig. 4 | Fig. 5 |

Wir zählen jetzt die bei den Balmer-Linien maßgebenden
Fälle auf:

$$n + n' = 2, \text{ zwei Möglichkeiten.}$$

$$n' = 0, \quad n = 2, \quad \varepsilon = 0, \quad b = a$$

$$n' = 1, \quad n = 1, \quad \varepsilon = \frac{\sqrt{3}}{2}, \quad b = \frac{a}{2}$$

($n' = 2$, $n = 0$, $\varepsilon = 0$, $b = 0$, problematisch;
der entsprechende Fall wird im folgenden fortgelassen).

$$m + m' = 3, \text{ drei Möglichkeiten.}$$

$$m' = 0, \quad m = 3, \quad \varepsilon = 0, \quad b = a$$

$$m' = 1, \quad m = 2, \quad \varepsilon = \frac{\sqrt{5}}{3}, \quad b = \frac{2}{3}a$$

$$m' = 2, \quad m = 1, \quad \varepsilon = \frac{\sqrt{8}}{3}, \quad b = \frac{1}{3}a.$$

Zur Theorie der Balmerschen Serie.   447

$$m + m' = 4, \text{ vier Möglichkeiten.}$$

$$m' = 0, \quad m = 4, \quad \varepsilon = 0, \qquad b = a$$

$$m' = 1, \quad m = 3, \quad \varepsilon = \frac{\sqrt{7}}{4}, \quad b = \frac{3}{4}\, a$$

$$m' = 2, \quad m = 2, \quad \varepsilon = \frac{\sqrt{12}}{4}, \quad b = \frac{2}{4}\, a$$

$$m' = 3, \quad m = 1, \quad \varepsilon = \frac{\sqrt{15}}{4}, \quad b = \frac{1}{4}\, a$$

usf. Soll H_α erzeugt werden, so kommen dafür als End-
bahnen die zwei in Fig. 3 ($n + n' = 2$) verzeichneten, als
Anfangsbahnen die drei Bahnen in Fig. 4 ($m + m' = 3$) in
Betracht; im ganzen gibt es hiernach

$$2 \cdot 3 = 6$$

Erzeugungsarten für H_α. Ebenso für H_β (Übergang aus einer
der vier Bahnen von Fig. 5 ($m + m' = 4$) in eine der zwei
Bahnen von Fig. 3)

$$2 \cdot 4 = 8$$

Erzeugungsarten, allgemein mit $n + n' = N$, $m + m' = M$
die Anzahl

(22) $$N \cdot M.$$

Man kann aber im Zweifel sein, ob jeder dieser Übergänge möglich ist, ob nämlich nicht vielleicht nur solche
Übergänge zuzulassen seien, die mit Quantenverlust verbunden
sind. Bei Betrachtung der Energie und der Energiequanten
im Sinne des Ansatzes II von Bohr ist es uns geläufig zu sagen:
die Energie ist eine positive Größe; bei Prozessen, die von selbst
vor sich gehen, kann sie nur abnehmen; aus $W_m - W_n > 0$
folgt dann:

$$m + m' > n + n'.$$

Gegenwärtig handelt es sich zwar nicht um Energiequanten,
sondern um Wirkungsquanten; hier nun scheint es, daß Impulse
oder Impulsmomente ebensogut positives wie negatives Vorzeichen haben und ebensogut zu- wie abnehmen können.

448   A. Sommerfeld

Nachdem wir aber festgestellt haben, daß in unserem Ausdruck
für das Phasenintegral die fragliche Impulskoordinate durch
Multiplikation mit dem dq der Lagenkoordinate zu einer wesentlich positiven Größe verbunden ist, liegt die Annahme nahe,
daß eine Veränderung dieser Größe bei freiwilligen Übergängen
ebenso einseitig stattfände, wie die der Energie, nämlich im
abnehmenden Sinne. Dann würden nur solche Übergänge
zwischen den vorgenannten Bahnkurven möglich sein, bei welchen
keine der beiden Quantenzahlen abnimmt, bei denen also

$$m \geq n, \ m' \geq n'.$$

Eine Entscheidung über diese und ähnliche Fragen darf
man (vgl. den nächsten §) von dem Stark-Effekt erwarten.

Unter vorläufiger Annahme dieser Ansicht würden z. B.
bei H_α von den 6 vorher aufgezählten Übergängen nur die
folgenden 4 wirklich sein:

$$
\begin{aligned}
m = 3, \ m' = 0 \ &\longrightarrow \ n = 2, \ n' = 0 \\
m = 2, \ m' = 1 \ &\longrightarrow \ n = 1, \ n' = 1 \\
m = 1, \ m' = 2 \ &\nearrow
\end{aligned}
$$

Ebenso würden bei den anderen Balmer-Linien H_β, H_γ, ...
je zwei Übergänge in Fortfall kommen. Die Anzahl der
Erzeugungsarten würde allgemein betragen bei $n + n' = N$,
$m + m' = M > N$

(22a) $N\,(M - N + 1),$

z. B. bei der von Ritz und Paschen entdeckten ultraroten
Kombinationslinie des Wasserstoffs $N = 3$, $M = 4$

$$3 \cdot 2 = 6.$$

In jedem Falle erscheint eine Wasserstofflinie in unserer
Auffassung als eine ziemlich komplizierte Überlagerung verschiedener diskreter Vorgänge.

Zur Theorie der Balmerschen Serie.   449

§ 6. Allgemeine Folgerungen betreffend den Stark-Effekt bei Wasserstoff und die verschiedenen Serientypen bei anderen Elementen.

Die elementare Lorentzsche Theorie des Zeeman-Effektes beruht darauf, daß in jeder Spektrallinie drei unter sich gleiche Hauptschwingungen eines quasielastisch-isotrop schwingenden Elektrons übereinanderfallen. Das Magnetfeld erzeugt keine neuen Schwingungsmöglichkeiten, sondern legt nur die vorhandenen auseinander. Die ursprünglich zusammenfallenden Frequenzen erscheinen dabei als ein labileres, durch äußere Einwirkung leichter zu beeinflussendes Gebilde wie die ursprünglich verschiedenen Frequenzen eines anisotrop schwingenden Elektrons, bei dem der Zeeman-Effekt nur von der zweiten Ordnung sein würde.

Diese Anschauung überträgt sich unmittelbar auf den Stark-Effekt bei der Balmer-Serie. Nach unserer Auffassung fallen in jeder Balmer-Linie eine ganze Reihe von Frequenzen verschiedenen Ursprunges zusammen. Das elektrische Feld wird die verschiedenen Ellipsenbahnen in verschiedener Weise beeinflussen und daher die ursprünglich zusammenfallenden Frequenzen auseinanderlegen. Die Beeinflussung wird beim Wasserstoff stärker sein, als bei anderen Elementen, wo (vgl. unten) ein derartiges Zusammenfallen nicht zu erwarten ist.

Für diese Auffassung des Stark-Effektes spricht die große und mit der Nummer der Balmer-Linie steigende Komponentenzahl, die Stark[1] bei seiner Feinzerlegung beobachtet. Eine von Lo Surdo aufgestellte Regel, wonach diese Zahl jener Nummer selbst gleich sein sollte, ist damit widerlegt. Wir stellen hier die Zahlen zusammen, die Stark für die p- und s-Komponenten findet, mit denen, die sich aus unserer Abzählung in Gl. (22) und (22a) ergeben. Dabei zähle ich von den Starkschen Linien nur diejenigen, die nach der einen Seite verschoben sind und rechne die unverschobene Linie mit. Diese Anzahlen sind

---

[1] Göttinger Nachrichten 1914.

450   A. Sommerfeld

	p-Komp.	s-Komp.	Gl. (22a)	Gl. (22)
H_α	3	2	4	6
H_β	6 bis 7	6 bis 7	6	8
H_γ	7	7	8	10
H_δ	7 bis 8	7 bis 8	10	12

Einige Linien sind von Stark als zweifelhaft bezeichnet, auch wird von der Möglichkeit gesprochen, daß noch weitere lichtschwache Komponenten gefunden werden könnten. Ein allgemeiner Parallelismus zwischen der beobachteten und der von uns berechneten Linienzahl ist nicht zu leugnen, zumal wenn wir den im vorigen Paragraphen aus allgemeinen Gesichtspunkten bevorzugten Standpunkt der Gl. (22a) einnehmen.

Es sind schon verschiedene Erklärungen für den Stark-Effekt vorgeschlagen. Insbesondere stellt eine Formel von Bohr[1]) die Verschiebung der stärksten p-Komponente sehr gut dar. Aber gerade in Betreff der Linienzahl versagen alle diese Erklärungen bisher vollständig. Sie lassen eigentlich immer nur zwei p-Komponenten vorhersehen. Bezüglich der Verwendung unserer Abzählung sind wir geneigt, dieselbe sowohl für die p- wie für die s-Komponenten in Anspruch zu nehmen. Eine Unsicherheit liegt hier darin, daß der Energieansatz (II) überhaupt keinen direkten Schluß auf die Polarisationen zuläßt. Man muß sich also damit begnügen, Bahnen, deren Ebenen dem elektrischen Felde parallel sind, mit den p-Komponenten, Bahnen, die dazu senkrecht stehen, mit den s-Komponenten in Zusammenhang zu bringen, wobei noch die weitere Schwierigkeit auftritt, daß die durch das Feld deformierten Bahnen strenge genommen nicht mehr eben sind. Für unsere feldlosen Bahnen sind natürlich alle Ebenen gleichberechtigt; unter dem Einfluß des Feldes aber können die parallelen und senkrechten Ebenen bevorzugt werden. Während die Gestalt der ursprünglichen Ellipsenbahnen durch das Feld deformiert wird, wird ihre Anzahl im allgemeinen erhalten bleiben. Hierauf gründet sich unsere Vermutung, daß die Anzahl der p- und s-Komponenten

---

[1]) Phil. Mag., September 1915, pag. 404.

Zur Theorie der Balmerschen Serie.   451

gleich und gleich der Anzahl unserer ursprünglichen Ellipsenbahnen sein dürfte. Die genauere theoretische Deutung und
die Größenbestimmung der Verschiebung für die einzelnen
Komponenten scheiterte bisher an der in der Einleitung betonten
Schwierigkeit, den Quantenansatz auf nicht-periodische Bahnen
auszudehnen. Die Berechnung der durch das elektrische Feld
deformierten Bahnen führt auf elliptische Integrale und läßt
sich übersichtlich durchführen; aber eine naturgemäße quantenhafte Heraushebung eines Systems ausgezeichneter Bahnen aus
der Schar der mechanisch möglichen ist mir bisher nicht
gelungen.

In der Einleitung wurde bereits darauf hingewiesen, daß
unsere Auffassung von der Sonderstellung des Wasserstoffspektrums Rechenschaft gibt davon, daß es (vom Viellinien-
spektrum abgesehen) nur ein Wasserstoffspektrum gibt gegenüber den Haupt- und Nebenserien und den verschiedenen
Serientypen der anderen Elemente. Das Balmersche Spektrum,
im allgemeinsten Sinne einschließlich aller Kombinationsspektren
genommen, haben wir nach unserer Auffassung so zu schreiben:

$$\nu = N \left(\frac{1}{(n+n')^2} - \frac{1}{(m+m')^2} \right).$$

Es ist klar, daß unsere Auffassung auch auf andere Elemente
auszudehnen ist, d. h. man wird auch die in den Atomfeldern
der anderen Elemente möglichen Bahnen nach dem Phasenintegral für die Umlaufs- und die Radialbewegung zu beurteilen
und quantenhaft ausgezeichnete Bahnen hervorzuheben haben,
deren Folge nach zwei ganzzahligen Quantenparametern n und n'
fortschreiten wird. Wie schon Bohr betont, tritt bei all-
gemeineren Atomfeldern an die Stelle des Coulombschen
Potentials $\frac{1}{r}$ eine allgemeine Kugelfunktion und an die Stelle
von $\frac{1}{n^2}$ dementsprechend eine allgemeinere Funktion $\varphi(n)$. Von
unserem Standpunkt müssen wir hinzufügen, daß an die Stelle
von $\frac{1}{(n+n')^2}$ eine von der Atomkonstitution abhängige Funktion

452   A. Sommerfeld

zweier ganzer Zahlen $\varphi\,(n,\,n')$ treten wird, da die Verbindung
$n + n'$ eine Besonderheit des Keplerschen Bahnsystems ist.
Nur für große Werte von n (große Entfernungen vom Atom)
wird sich das Bahnsystem Keplersch und die Serie wasserstoffähnlich verhalten; hier wird also $\varphi\,(n,\,n')$ mehr und mehr
übergehen in $(n + n')^{-2}$. Die allgemeine Form des Seriengesetzes wird daher lauten:

$$(23) \qquad \frac{\nu}{N} = \varphi\,(n,\,n') - \varphi\,(m,\,m') = f_{n'}\,(n) - f_{m'}\,(m).$$

Indem man dem Parameter n' resp. m' verschiedene Werte
gibt, erhält man verschiedene Arten der funktionellen Abhängigkeit f und verschiedene Serien. Man kann z. B. schematisch
die Existenz und die gegenseitigen Beziehungen von Haupt-
und Nebenserien darstellen, indem man drei besondere Werte
für n' resp. m' benutzt und im Anschluß an die gewohnten
Bezeichnungen für die Hauptserie (p), die I. Nebenserie (d) und
II. Nebenserie (s) die zugehörigen Funktionen $f_{n'}$ resp. $f_{m'}$ bezeichnet mit f_p, f_d, f_s.

Wählt man überdies die ganze Zahl n in solcher Weise,
wie es durch die Erfahrungen im sichtbaren Gebiete gegeben
ist, so erhält man das folgende wohlbekannte Schema der
Serienzuordnung

$$\text{H. S.} \ldots \frac{\nu}{N} = f_s\,(n) - f_p\,(m), \quad n = 1, \; m = 2, 3, 4, \ldots$$

$$\text{I. N. S.} \ldots \frac{\nu}{N} = f_p\,(n) - f_d\,(m), \quad n = 2, \; m = 3, 4, 5, \ldots$$

$$\text{II. N. S.} \ldots \frac{\nu}{N} = f_p\,(n) - f_s\,(m), \quad n = 2, \; m = 2, 3, 4, \ldots$$

Indem wir die Analogie mit den Keplerschen Bahnen des
Wasserstoffs durchführen, werden wir vermuten, daß die Zahlen
m oder n mittels des azimutalen Phasenintegrals die Größe der
betreffenden Bahnen, die Zahlen m'_p, m'_d, m'_s oder n'_p, n'_d, n'_s mittels
des radialen Phasenintegrals allgemein gesprochen die Ab-
flachung der betreffenden Bahnen bestimmen. So wie beim
Wasserstoff alle Bahnen mit gleichem n' Ellipsen von der

Zur Theorie der Balmerschen Serie.   453

gleichen Exzentrizität waren, wird man allen Bahnen des Serienterms f_p, oder f_s, f_d Gleichheit eines gewissen gestaltlichen Merkmals zuschreiben, welches von Element zu Element je nach der Beschaffenheit des Atomfeldes wechseln wird. Es hat keinen Wert, diese allgemeinen Vermutungen weiter auszuspinnen. Zu ihrer Prüfung im einzelnen ist reichliches spektroskopisches Material vorhanden. Ich möchte hier nur bemerken, daß auch Herr Bohr in seiner letzten Arbeit (Phil. Mag., September 1915, § 3) zu der Anschauung gelangt, daß bei Atomen mit mehr als einem Elektron die verschiedenen Serien verschiedenen Formen der Bahnen entsprechen müssen. In unserer Darstellung ist diese Vorstellung durch das Beispiel des Wasserstoffs präzisiert.

Gegenüber dem Wasserstoff können die anderen Elemente noch eine weitere Komplikation aufweisen. Beim Wasserstoff sind die Bahnen nach der Natur des Keplerschen Problems notwendig eben. Es genügen daher zwei Koordinaten r und φ zu ihrer Beschreibung. Bei anderen Elementen von geringerer Symmetrie des Atomfeldes wird dies nicht mehr der Fall sein. Hier wird als dritte Koordinate z erforderlich. Wir müssen daher auch ein Phasenintegral für die z-Koordinate ins Auge fassen. Zu den Quantenzahlen n, n' tritt dann eine dritte ganze Zahl n''. Die allgemeine Form des Seriengesetzes geht dann über (vgl. (23)) in

$$(23\,a) \quad \frac{\nu}{N} = \varphi\,(n, n', n'') - \varphi\,(m, m', m'') = f_{n', n''}\,(n) - f_{m', m''}\,(m).$$

Die Mannigfaltigkeit der Serienmöglichkeiten wächst dadurch natürlich stark an. Es ist durchaus möglich, daß man schon bei der Deutung der Haupt- und Nebenserien in den Raum gehen muß, daß also z. B. p in $f_p\,(m)$ als Funktion zweier ganzzahliger Parameter m', m'' aufzufassen ist. Überhaupt wird sich die Beschränkung auf die Ebene, im Bau der Atome und in der Gestalt der Elektronenbahnen, die bisher vom Wasserstoff aus ohne weiteres auf andere Elemente ausgedehnt wurde, auf die Dauer nicht halten lassen.

§ 7. Über die Unabhängigkeit des Quantenansatzes von der Wahl der Koordinaten. Beziehungen zur allgemeinen Mechanik.

Wir beginnen mit einem allgemeinen Zusammenhang zwischen der mittleren kinetischen Energie und unseren Phasenintegralen. Nach einer bekannten Formel aus der Mechanik beliebiger Systeme ist

$$T = \tfrac{1}{2} \Sigma p \dot{q},$$

also bei Integration nach der Zeit

$$(24) \qquad 2 \int T \, dt = \Sigma \int p \, dq.$$

Rechts steht die Summe unserer Phasenintegrale, genommen über alle Koordinaten des Systems; um sie bilden zu können, müssen wir ein bestimmtes Stück der Bahnkurve oder eine bestimmte Länge der Zeit ohne Willkür abgrenzen können. Dies ist möglich bei periodischen oder quasiperiodischen Bahnen (vgl. § 1). Sei τ die Periode und $\bar{T}$ die mittlere kinetische Energie während dieser Periode

$$\bar{T} = \frac{1}{\tau} \int\limits_{t_0}^{t_0+\tau} T \, dt,$$

so ergibt sich mit unserem Quantenansatz (I) allgemein

$$(25) \qquad 2 \, \bar{T} \tau = (n + n' + \cdots) h.$$

Hiernach hat zunächst die Quantensumme $n + n' + \cdots$ eine invariante, vom Koordinatensystem unabhängige, durch die wirkliche Bewegung bestimmte Bedeutung. Es fragt sich, ob auch die Aufteilung der Summe nach den einzelnen Koordinaten berechtigt ist. Im Falle der Keplerschen Bewegung ist diese Frage zu bejahen. Hier sind φ und z zyklische Koordinaten und als solche dynamisch ausgezeichnet. (Zyklisch heißt eine Koordinate, wenn sie weder in dem Ausdruck der kinetischen noch der potentiellen Energie explicite vorkommt, wenn also die kinetische Energie nur von dem zeitlichen Differentialquotienten der Koordinate abhängt.) Daraus, daß z. B.

Zur Theorie der Balmerschen Serie.   455

die Koordinate φ eine wirkliche mechanische Bedeutung hat, folgt, daß eine solche auch ihrem Phasenintegral zukommt. Letzteres war $2\pi p$, also in der Tat invariant. Dasselbe gilt von der z-Koordinate, wo wegen der Ebenheit der Kepler-Bahnen das Phasenintegral Null wird. Hiernach und nach dem Satze (25) folgt dann für die übrig bleibende Koordinate r, daß auch ihr Phasenintegral eine von der besonderen Wahl der r-Koordinate unabhängige Bedeutung hat.

Wir bestätigen dies durch direkte Ausrechnung des Phasenintegrals. Sei s ein von r verschiedenes Maß für den Abstand des Elektrons vom Kern

$$s = f(r),$$

so wird

$$\dot{s} = f'(r)\,\dot{r}, \quad \left(\frac{\partial \dot{s}}{\partial \dot{r}}\right)_r = \frac{ds}{dr} = f'(r)$$

und

$$\left(\frac{\partial T}{\partial \dot{r}}\right)_r = \left(\frac{\partial T}{\partial \dot{s}}\right)_s \cdot \left(\frac{d\dot{s}}{d\dot{r}}\right)_r = \frac{\partial T}{\partial \dot{s}} f'(r)$$

also

$$\frac{\partial T}{\partial \dot{r}}\, dr = \frac{\partial T}{\partial \dot{s}}\, ds.$$

Mithin folgt

$$\int p_r\, dr = \int \frac{\partial T}{\partial \dot{r}}\, dr = \int \frac{\partial T}{\partial \dot{s}}\, ds = \int p_s\, ds,$$

wie behauptet.

Eine allgemeine Regel für die Auswahl der Koordinaten bei beliebigem Atomfeld wüßte ich nicht anzugeben. Daß die Koordinatenwahl nicht gleichgültig ist, zeigt sich bei der Keplerbewegung unter Benutzung rechtwinkliger Koordinaten $x\,y$. Diese sind nicht cyklisch, weil die potentielle Energie $(x^2 + y^2)^{-1/2}$ von ihnen abhängt (in Hinsicht auf die kinetische Energie sind auch sie cyklisch). Hier wäre die Forderung

$$\int p_x\, dx = \int m\,\dot{x}\, dx = \int m\,\dot{x}^2\, dt = n_1 h$$

$$\int p_y\, dy = \int m\,\dot{y}\, dy = \int m\,\dot{y}^2\, dt = n_2 h$$

456   A. Sommerfeld

verschieden von unserer früheren Forderung

$$\int p_\varphi \, d\varphi = n\,h, \quad \int p_r \, dr = n'\,h$$

und sinnlos, weil von der besonderen Lage des Koordinatensystems der $x\,y$ abhängig.

Wir wollen schließlich die allgemeine Gleichung (25) mit
anderen Formulierungen der Quantentheorie vergleichen. Zunächst mit derjenigen der Planckschen Energieelemente.

Es sei die mittlere kinetische und potentielle Energie einander gleich. Die Gesamtenergie heiße wieder W; sie ist konstant. In diesem Falle gilt

$$T = V, \quad 2\,\overline{T} = W, \quad W\tau = (n + n' + \cdots)\,h;$$

mit $\nu = \dfrac{1}{\tau}$ wird also $W = $ Vielfachem von $h\,\nu$.

Dies ist Plancks Hypothese der Energieelemente, welche
sich also aus unserer Gl. (25) immer ergibt, wenn $\overline{T} = \overline{V}$ ist.

Es handle sich sodann um einen Massenpunkt, der sich
unter dem Einfluß einer beliebigen Zentralkraft $\mathfrak{F}$ bewegt.
Der vorige Fall ergibt sich im Besonderen, wenn die Zentralkraft direkt proportional der ersten Potenz der Entfernung ist

$$\mathfrak{F} = (\mathfrak{F}_x, \mathfrak{F}_y, \mathfrak{F}_z) = K\mathfrak{r}, \quad \mathfrak{r} = x, y, z$$

unter K den Proportionalitätsfaktor verstanden. Jetzt sei die
Kraft allgemeiner von der $\varkappa^{\text{ten}}$ Potenz

$$\mathfrak{F} = K r^{\varkappa - 1}\,\mathfrak{r}.$$

Die potentielle Energie ist dann

$$V = -K\int r^\varkappa \, dr = -\frac{K}{\varkappa + 1}\,r^{\varkappa + 1}.$$

Die mittlere kinetische Energie berechnet sich durch Virial-
bildung

$$T = \frac{1}{\tau} \int_0^\tau T\,dt = \frac{m}{2\,\tau} \int_0^\tau \left(\left(\frac{dx}{dt}\right)^2 + \cdots \right) dt = \frac{m}{2\,\tau}\left[x\,\frac{dx}{dt} + \cdots \right]_0^\tau$$

$$-\frac{m}{2\,\tau} \int_0^\tau \left(\frac{d^2 x}{dt^2}\,x + \cdots \right) dt.$$

Zur Theorie der Balmerschen Serie.   457

Das Glied ohne Integralzeichen möge verschwinden, was z. B. bei einer periodischen oder quasiperiodischen Bahn der Fall ist; in dem hinzutretenden zweiten Glied setzen wir die Bewegungsgleichungen ein. Dann ergibt sich

$$\bar{T} = -\frac{K}{2\tau} \int_0^\tau r^{\varkappa-1}(\dot{x}^2 + \dot{y}^2 + \dot{z}^2)\, dt = -\frac{K}{2\tau} \int_0^\tau r^{\varkappa+1}\, dt.$$

Hier erweist sich die rechte Seite bis auf den Faktor $\frac{\varkappa+1}{2}$ gleich der mittleren potentiellen Energie, also

$$(26) \qquad\qquad \bar{T} = \frac{\varkappa+1}{2}\, \bar{V}.$$

Daraus folgt insbesondere für $\varkappa = -2$ (Coulombsches Gesetz)

$$\bar{T} = -\frac{\bar{V}}{2}$$

eine Beziehung, von der in der Bohrschen Theorie öfter Gebrauch gemacht wird. Allgemein berechnet sich aus

$$\bar{T} + \bar{V} = W \quad \text{und} \quad \bar{T} = \frac{(\varkappa+1)\, \bar{V}}{2}$$

$$(27) \qquad\qquad \bar{T} = \frac{\varkappa+1}{\varkappa+3}\, W$$

Gl. (25) liefert also mit $\nu = \dfrac{1}{\tau}$:

$$W = \frac{1}{2}\, \frac{\varkappa+3}{\varkappa+1}\, (n + n' + \cdots)\, h\nu.$$

Hier würden also sozusagen gebrochene Energiequanten, insbesondere im Coulombschen Falle $\varkappa = -2$, negative halbe Energiequanten auftreten. (Man beachte wegen des negativen Vorzeichens die Unterdrückung der Integrationskonstanten bei W und V.) Diese Bemerkungen bezwecken offenbar nur zu zeigen, daß der Begriff der Energiequanten im allgemeinen unzulänglich ist.

458   A. Sommerfeld, Zur Theorie der Balmerschen Serie.

Gl. (25) erinnert, wenn wir darin $\overline{T}$ durch W gemäß (27) ausdrücken, an den Ansatz:

$$\text{Energie} \cdot \text{Zeit} = h,$$

den ich in diesen Berichten bei Untersuchungen über γ- und Röntgenstrahlen vorgeschlagen hatte.[1] Die Auffassung der gegenwärtigen Quantenbeziehung ist aber von der früheren in mehreren Punkten verschieden. Sie beschränkt sich jetzt im wesentlichen auf periodische Bewegungen und sieht ein ganzzahliges Vielfaches von h vor, auch wird die Gleichheit durch eine von dem Kraftgesetz abhängige Proportionalität ersetzt.

----

[1] Über die Struktur der γ-Strahlen, Jahrgang 1911, pag. 1.

459

Die Feinstruktur der Wasserstoff- und der Wasserstoff-ähnlichen Linien.

Von **A. Sommerfeld.**

Vorgetragen in der Sitzung am 8. Januar 1916.

Die vorliegende Mitteilung knüpft unmittelbar an die vorangehende Arbeit[1]) über das Balmersche Wasserstoffspektrum
an und liefert die experimentellen Belege dafür, daß die dort
entwickelten neuartigen Vorstellungen über quantenhaft ausgezeichnete Elektronenbahnen genau der Wirklichkeit entsprechen. Diese Belege werden gewonnen gerade aus den unscheinbarsten Ergebnissen der Spektroskopie, aus dem Auftreten feiner Dubletts und Tripletts, welche nur den Apparaten
mit stärkstem Auflösungsvermögen zugänglich sind. Die Feinstruktur der Spektrallinien gibt durch Komponentenzahl und
Komponentenabstand unmittelbare Kunde davon, daß die in den
Fig. 3, 4, 5 der vorigen Mitteilung aufgezeichneten Bahnen von
2, 3, 4, ... Ellipsen resp. Kreisen reale Existenz haben, daß also
die Dynamik der stationären Bewegungen im Atominnern von
dem Quantenbegriff in der Formulierung unserer Phasenintegrale
beherrscht wird. Damit eröffnet sich uns ein Einblick in die
Einzelheiten der Vorgänge nicht nur beim Wasserstoff und
bei Wasserstoff-ähnlichen.Atomen, sondern bei entsprechendem
Ausbau auch in die Atomfelder der anderen Elemente unter
Verwertung des in den spektroskopischen Daten aufgehäuften
riesigen Materials. Auch läßt sich nunmehr eine wirkliche

---

[1]) Diese Berichte, Dezember 1915, pag. 425; im folgenden als (I) zitiert.

30*

460   A. Sommerfeld

Theorie des Zeeman-Effektes in nahe Aussicht stellen, dessen
verschiedene Typen ja gerade von der Multiplizität der Serienterme herrühren, also von demjenigen Umstande, der durch
unsere Theorie aufgeschlossen wird.

Besonders überraschend ist die Anwendung, welche unsere
Auffassung im Gebiete der K- und L-Serie der Röntgenstrahlung findet. Hier treten durch das ganze natürliche System
der Elemente hindurch von $Z = 34$ bis $Z = 80$ ($Z =$ Ordnungszahl des Elementes = Stellenzahl im natürlichen System) Dubletts auf, die denselben Ursprung haben wie die Wasserstoff-
dubletts, und geradezu als ein um den Betrag $(Z-1)^4$ ver-
größertes Abbild jener anzusehen sind. Der Größe dieses Faktors (37.10^6 bei Gold) ist es zu verdanken, daß namentlich in
der L-Serie diese Dubletts nicht mehr unter die unscheinbaren
Merkmale der Feinstruktur fallen, sondern als verschiedene,
weit getrennte Linien beschrieben wurden und trotz der vorläufig naturgemäß noch primitiven Beobachtungsmittel in diesem
Frequenzbereich mit völlig ausreichender Genauigkeit gemessen
werden konnten.

Unsere Ergebnisse sind gesicherter und quantitativer Art,
soweit es sich um die relative Größe gegenüber den Wasserstoff-
dubletts handelt. In Bezug auf die absolute Größe der fraglichen Dubletts und Tripletts sowie die Größe der Wasserstoff-
dubletts selbst besteht noch eine durchgehende Unstimmigkeit
des Zahlenfaktors, an welcher vermutlich die Grundlagen der
Quantentheorie oder der Relativitätstheorie schuld sind. Wegen
der allgemeinen quantentheoretischen Überlegungen verweise ich
auf die vorangehende Arbeit; im folgenden möchte ich mich auf
eine kurze Darlegung der numerischen Beziehungen beschränken.

§ I. Die Keplersche Ellipse in der Relativitätstheorie.

Auf die Bedeutung der Relativitätstheorie für den Ausbau
seines Atommodelles hat bereits Bohr verschiedentlich hingewiesen. Auch schlägt er bereits vor, die Wasserstoffdubletts[1])

---

[1]) Phil. Mag., Febr. 1915.

Die Feinstruktur der Wasserstoff- etc. Linien. 461

aufzufassen als einen relativistischen Effekt von der Ordnung $(v/c)^2$. Indem wir diesen Vorschlag aufnehmen, ändern wir zugleich den Standpunkt prinzipiell ab: Nach den quanten-theoretischen Gesichtspunkten der vorigen Arbeit kann es sich nicht, wie bei Bohr, um Ellipsen von kleiner oder verschwindender Exzentrizität handeln, sondern muß das Dublett seinen Grund haben in den endlich verschiedenen, diskreten Exzentrizitäten unserer „gequantelten" Ellipsen.

Als Vorbereitung leiten wir die relativistische Bahn des Elektrons um den Wasserstoffkern ab. Das Ergebnis ist nicht verschieden von dem z. B. in der Dissertation von Wacker[1]) behandelten Planetenproblem. Doch können wir die Rechnung nach der in (I, § 2) benutzten Methode sehr vereinfachen. Wegen späterer Verallgemeinerungen sei die Ladung des Wasserstoffkerns mit E bezeichnet, die des Elektrons ist $-c$. Der Kern wird als ruhend angenommen. Dann wirkt derselbe auch nach der Relativitätstheorie auf das Elektron genau mit der Coulombschen Kraft $-\dfrac{eE}{r^2}$ in der Verbindungslinie. Man überzeugt sich nämlich leicht, daß die relativistischen Zusatzglieder[2]) („Geschwindigkeits-" und „Beschleunigungsterm") bei ruhendem Kern verschwinden. Die Bahn ist eben und es gilt der Flächensatz in der Form

$$(1) \qquad m r^2 \dot{\varphi} = p, \quad m = \frac{m_0}{\sqrt{1-\beta^2}}, \quad \beta = \frac{v}{c}.$$

Benutzt man neben den Polarkoordinaten r, φ rechtwinklige Koordinaten x, y mit dem Anfangspunkte im Kern

$$x = r \cos\varphi, \quad y = r \sin\varphi,$$

so lauten die Bewegungsgleichungen

$$(2) \qquad \frac{d}{dt} m \dot{x} = -\frac{eE}{r^2} \cos\varphi, \quad \frac{d}{dt} m \dot{y} = -\frac{eE}{r^2} \sin\varphi.$$

---

[1]) Über Gravitation und Elektromagnetismus. Tübingen 1909.
[2]) Vgl. z. B. A. Sommerfeld, Zur Relativitätstheorie II, Gl. (37), Ann. d. Phys. 33, 1910, pag. 681.

462   A. Sommerfeld

Mit Rücksicht auf den Flächensatz schreiben wir

$$m\,\dot{\varphi} = \frac{p}{r^2},\quad \frac{d}{dt} = \frac{p}{m\,r^2}\frac{d}{d\varphi},$$

$$m\,\dot{x} = m\,\dot{\varphi}\,\frac{dx}{d\varphi} = \frac{p}{r^2}\frac{d\,(r\cos\varphi)}{d\varphi} = p\left(-\frac{1}{r}\sin\varphi + \frac{1}{r^2}\frac{dr}{d\varphi}\cos\varphi\right)$$

$$= -p\left(\sigma\sin\varphi + \frac{d\sigma}{d\varphi}\cos\varphi\right)$$

$$m\,\dot{y} = +p\left(\sigma\cos\varphi - \frac{d\sigma}{d\varphi}\sin\varphi\right)$$

mit der früheren Abkürzung $\sigma = \dfrac{1}{r}$. Also

$$\frac{d}{dt}\,m\,\dot{x} = -\frac{p^2}{m\,r^2}\frac{d}{d\varphi}\left(\sigma\sin\varphi + \frac{d\sigma}{d\varphi}\cos\varphi\right)$$

$$= -\frac{p^2}{m\,r^2}\left(\sigma + \frac{d^2\sigma}{d\varphi^2}\right)\cos\varphi$$

$$\frac{d}{dt}\,m\,\dot{y} = -\frac{p^2}{m\,r^2}\left(\sigma + \frac{d^2\sigma}{d\varphi^2}\right)\sin\varphi.$$

Die Bewegungsgleichungen (2) gehen daher unter Fort-
hebung des Faktors $\dfrac{\cos\varphi}{r^2}$ resp. $\dfrac{\sin\varphi}{r^2}$ über in die eine Gleichung

(3) $$\frac{d^2\sigma}{d\varphi^2} + \sigma = \frac{e\,E\,m}{p^2} = \frac{e\,E\,m_0}{p^2}\frac{1}{\sqrt{1-\beta^2}}.$$

Die rechte Seite ist variabel wegen β. Um sie umzu-
formen, benutzen wir die Zeitkomponente der Bewegungsgleichungen, welche in bekannter Weise den Energiesatz liefert

(4) $$m_0\,c^2\left(\frac{1}{\sqrt{1-\beta^2}} - 1\right) - \frac{e\,E}{r} = W.$$

W ist die Konstante der Gesamtenergie. Also wird

(5) $$\frac{1}{\sqrt{1-\beta^2}} = 1 + \frac{W}{m_0\,c^2} + \frac{e\,E}{m_0\,c^2}\,\sigma$$

und Gl. (3) geht über in

$$\frac{d^2\sigma}{d\varphi^2} + \sigma\left(1 - \left(\frac{e\,E}{p\,c}\right)^2\right) = \frac{e\,E\,m_0}{p^2}\left(1 + \frac{W}{m_0\,c^2}\right).$$

Die Integration gibt

$$\sigma = A \cos \gamma \varphi + B \sin \gamma \varphi + C$$

mit den Abkürzungen

(6) $$\gamma^2 = 1 - \left(\frac{eE}{pc}\right)^2, \quad C = \frac{eEm_0}{\gamma^2 p^2}\left(1 + \frac{W}{m_0 c^2}\right).$$

Die Bahn ist also eine Ellipse, die sich langsam dreht. Das Perihel schreitet während eines Umlaufs um den Winkel

$$\frac{2\pi}{\gamma} - 2\pi$$

im Sinne des Umlaufs vor. Wir können eine solche Bahn nach (I, pag. 429 unten) als quasiperiodische Bahn bezeichnen. A und B sind die Integrationskonstanten. Nehmen wir $\varphi = 0$ als Anfangsperihel, so wird ebenso wie (I, pag. 434)

$$B = 0, \quad A = \varepsilon C, \quad \text{also}$$

(7) $$\frac{1}{r} = \sigma = C(1 + \varepsilon \cos \gamma \varphi).$$

Bezüglich der Größe der Perihelbewegung möge darauf aufmerksam gemacht werden, daß sie für alle Ellipsen von gleichem p gleich ist, daß sie also nicht direkt abhängt von der Exzentrizität der Ellipse. Für den Grenzübergang von der Ellipse in den Kreis ergibt sich sonach eine gewisse Diskontinuität, da man beim Kreise geometrisch überhaupt nicht von einer Perihelbewegung sprechen kann.

§ 2. Die Energie der relativistischen Kepler-Ellipse.

Die auf das Perihel ($\varphi = 0$) bezüglichen Größen mögen durch den Index 0 ausgezeichnet werden. Es ist also

$$\sigma_0 = C(1 + \varepsilon), \quad v_0 = (r\dot{\varphi})_0, \quad \beta_0 = \frac{(r\dot{\varphi})_0}{c}.$$

Der Flächensatz (1) gibt daher für $\varphi = 0$

(A) $$\frac{\beta_0}{\sqrt{1 - \beta_0^2}} = \frac{p\sigma_0}{m_0 c} = \frac{eE(1 + \varepsilon)}{\gamma^2 pc}\left(1 + \frac{W}{m_0 c^2}\right)$$

464   A. Sommerfeld

und der Energiesatz (5)

(B)

$$\frac{1}{\sqrt{1-\beta_0^2}} = 1 + \frac{W}{m_0 c^2} + \frac{eE}{m_0 c^2}\,\sigma_0 =$$

$$\left(1 + \left(\frac{eE}{\gamma p c}\right)^2(1+\varepsilon)\right)\left(1 + \frac{W}{m_0 c^2}\right).$$

Durch Elimination von β_0 aus (A) und (B) ergibt sich der gesuchte Wert von W. Diese scheinbar etwas künstliche Bestimmung von W ersetzt hier die direkte Ausrechnung in I, Gl. (7). Die Elimination erfolgt nach dem Schema

$$(B)^2 - (A)^2 = 1$$

und liefert

$$\left(1 + \frac{W}{m_0 c^2}\right)^2\left\{\left(1 + (1+\varepsilon)\,\frac{b^2}{\gamma^2}\right)^2 - (1+\varepsilon)^2\left(\frac{b}{\gamma^2}\right)^2\right\} = 1$$

mit der vorübergehenden Abkürzung

(8) $b = \dfrac{eE}{pc}$,   so daß $\gamma^2 = 1 - b^2.$

Hiernach wird

$$1 + \frac{W}{m_0 c^2} = \left\{1 + 2\,(1+\varepsilon)\,\frac{b^2}{\gamma^2} + (1+\varepsilon)^2\,\frac{b^2}{\gamma^2}\,\frac{b^2-1}{\gamma^2}\right\}^{-1/2}$$

$$= \left\{1 + (2\,(1+\varepsilon) - (1+\varepsilon)^2)\,\frac{b^2}{\gamma^2}\right\}^{-1/2} = \left\{1 + (1-\varepsilon^2)\,\frac{b^2}{\gamma^2}\right\}^{-1/2}$$

$$= 1 - \frac{1}{2}\,\frac{b^2}{\gamma^2}\,(1-\varepsilon^2) + \frac{3}{8}\,\frac{b^4}{\gamma^4}\,(1-\varepsilon^2)^2 - \frac{5}{16}\,\frac{b^6}{\gamma^6}\,(1-\varepsilon^2)^3 + \cdots$$

Bezeichnen wir den früheren, ohne Berücksichtigung der Relativität gefundenen Wert (I, Gl. (7)) mit W_0

(9) $W_0 = -\dfrac{m_0 e^2 E^2}{2\,p^2}\,(1-\varepsilon^2),$

so haben wir nunmehr

(10) $W = \dfrac{W_0}{\gamma^2}\left(1 - \dfrac{3}{4}\,\dfrac{b^2}{\gamma^2}\,(1-\varepsilon^2) + \dfrac{5}{8}\,\dfrac{b^4}{\gamma^4}\,(1-\varepsilon^2)^2 + \cdots\right).$

Die Feinstruktur der Wasserstoff- etc. Linien.   465

Mit $c = \infty$ wird $b = 0$, $\gamma = 1$, also wie es sein muß, $W = W_0$. Man überzeugt sich übrigens leicht, daß b einen Mittelwert des bei der Ellipsenbewegung variabeln Geschwindigkeitsverhältnisses β bedeutet und daß bei der Kreisbewegung bis auf mit c verschwindende Größen b gleich β wird. Dementsprechend können wir auch sagen, daß die Größe $1 - \gamma^2$, die nach (8) mit b^2 übereinstimmt, von der Größenordnung β^2 wird.

§ 3. Der Quantenansatz für die quasiperiodische Bahn.

Indem wir die Quantenbedingung für unsere Phasenintegrale

$$(11) \qquad \int p \, dq = \begin{cases} n\,h & \text{für } q = \varphi \\ n'h & \text{„ } q = r \end{cases}$$

aus (I, § 1) ungeändert übernehmen, haben wir zu beachten, daß bei unserer quasiperiodischen Ellipse die Integration nach φ nicht von 0 bis 2π wie bei der früheren periodischen Bahn, sondern von 0 bis $\dfrac{2\pi}{\gamma}$ zu erstrecken ist; in der Tat wiederholt sich nach diesem Winkelumlauf Ort und Geschwindigkeit des Elektrons. Hiernach lautet die erste der in (11) enthaltenen Gleichungen wegen $p = $ konst.

$$(12) \qquad p \int_0^{\frac{2\pi}{\gamma}} d\varphi = nh, \quad p = \frac{n h \gamma}{2\pi}.$$

Bei der zweiten dieser Gleichungen ist unter p zu verstehen

$$p_r = m\dot{r} = m\dot{\varphi}\frac{dr}{d\varphi} = \frac{p}{r^2}\frac{dr}{d\varphi} = -p\frac{d\sigma}{d\varphi}.$$

Hier ist m die variable Masse, also von β abhängig; indem wir aber den Flächensatz (1) benutzt haben, hat sich die Masse eliminiert und der Ausdruck für p_r vereinfacht. Unsere zweite Gleichung (11) kann daher so geschrieben werden

466   A. Sommerfeld

$$n'h = -p \int \frac{d\sigma}{d\varphi}\, dr = -p \int_0^{\frac{2\pi}{\gamma}} \frac{d\sigma}{d\varphi}\, \frac{dr}{d\varphi}\, d\varphi = +p \int_0^{\frac{2\pi}{\gamma}} \left(\frac{1}{\sigma}\, \frac{d\sigma}{d\varphi}\right)^2 d\varphi$$

$$= p \int_0^{\frac{2\pi}{\gamma}} \frac{\varepsilon^2 \gamma^2 \sin^2 \gamma\, \varphi}{(1 + \varepsilon \cos \gamma\, \varphi)^2}\, d\varphi = p\, \varepsilon^2 \gamma \int_0^{2\pi} \frac{\sin^2 \psi}{(1 + \varepsilon \cos \psi)^2}\, d\psi.$$

Indem wir hier $\psi = \gamma \varphi$ als Integrationsvariable eingeführt haben, haben wir zugleich die Ausführung der Integration auf (I, Gl. (10)) zurückgeführt. Setzen wir den dortigen Wert für unser Integral und zugleich den Wert (12) für p ein, so ergibt sich

$$n'h = nh\gamma^2 \left(\frac{1}{\sqrt{1 - \varepsilon^2}} - 1\right)$$

(13) $$1 - \varepsilon^2 = \frac{n^2 \gamma^4}{(n' + n\gamma^2)^2}.$$

Wir bilden sogleich diejenige Kombination, von welcher der Energieausdruck (10) wesentlich abhängt, nämlich (vgl. auch (8)):

(14) $$\frac{1 - \varepsilon^2}{p^2 \gamma^2} = \frac{4\pi^2}{h^2}\, \frac{1}{(n' + n\gamma^2)^2}.$$

Es ist also nicht mehr die reine Quantensumme $n' + n$, die den Energieausdruck bestimmt, sondern es kommt wegen des (von 1 wenig verschiedenen) Faktors γ^2 auch auf die Einzelwerte von n' und n an; freilich nur insoweit, als wir Korrektionsglieder von der Ordnung $1 - \gamma^2$, d. i. nach der Bemerkung am Schluß des vorigen Paragraphen von der Ordnung β^2 berücksichtigen. Das Ergebnis ist folgendes: Während nach der gewöhnlichen Mechanik die Energie der $n + n'$ verschiedenen Kreis- und Ellipsenbahnen, die zu dem gleichen Werte von $n + n'$ gehören, genau übereinstimmen, fällt sie mit Rücksicht auf die veränderliche Elektronenmasse für diese $n + n'$ verschiedenen Bahnen jeweils ein wenig anders aus. Die zugehörige Spektrallinie, oder richtiger gesagt, der zugehörige Term der Spektrallinie geht entsprechend den $n + n'$ Erzeugungsmöglichkeiten in ein System von $n + n'$

Die Feinstruktur der Wasserstoff- etc. Linien.   467

benachbarten Linien oder Termen auseinander, also bei $n + n' = 2$ in ein Dublett, bei $n + n' = 3$ in ein Triplett etc. Hierzu einige kritische Bemerkungen:

1. Die Quantenansätze (12) und (13) sind gegen früher durch Hinzutreten von Potenzen des Faktors γ abgeändert, welcher seinen Ursprung hat in der Perihelbewegung der Elektronenbahn. Diese Perihelbewegung ist naturgemäß eine recht empfindliche Größe und würde sich bei kleinen Abänderungen des Kraftgesetzes vielleicht merklich ändern. Ob durch die allgemeine Relativitätstheorie das Kraftgesetz oder die Bewegungsgleichungen abgeändert werden oder ob nach derselben Theorie die Gravitation des Kerns mit zu berücksichtigen ist, habe ich bisher nicht geprüft. Ich möchte aber auf die Möglichkeit wenigstens hinweisen, daß die in der Einleitung bemerkte Unstimmigkeit in den absoluten Größen einen derartigen Ursprung haben könne.

2. Außer von der Veränderlichkeit der Masse wird die Perihelbewegung von der magnetischen Wirkung des Kerns beeinflußt, welche direkt ein Drehmoment in der Bahnebene liefert und daher die Gleichung des Flächensatzes abändert. Während die magnetische Energie des Elektrons, wie wir sagen können, in der Veränderlichkeit der Masse steckt und daher von uns berücksichtigt worden ist, haben wir die magnetischen Kräfte des Kerns ausgeschaltet, indem wir diesen als ruhend annahmen. Ich habe mich aber überzeugt, daß der Einfluß dieser Kräfte von geringerer Ordnung ist als derjenige der veränderlichen Masse. Er liefert für die Perihelbewegung als Wert von $1 - \gamma^2$ den Beitrag $- \dfrac{4\,b^2\,m}{M}$, während die Veränderlichkeit der Elektronenmasse den Beitrag b^2 lieferte ($M = $ Kernmasse). Jener Einfluß ist also 500 mal so klein und übrigens von umgekehrtem Vorzeichen wie dieser. Daraus geht hervor, daß das relativistische Korrektionsglied erster Ordnung durch den magnetischen Einfluß des Kerns nicht merklich abgeändert wird; wohl aber würde das Korrektionsglied zweiter Ordnung dadurch beeinflußt werden. Da uns das letztere nur

468   A. Sommerfeld

in qualitativer, nicht in quantitativer Hinsicht interessiert, habe ich die Behandlung der Kernbewegung hier unterdrückt.

3. Wenn wir von der Bedeutung der Relativitätstheorie für die Probleme der Spektrallinien sprachen, so ist damit eigentlich nur die Veränderlichkeit der Elektronenmasse gemeint. Die ältere Theorie des starren Elektrons würde daher für unsere Fragen ebenfalls ausreichen und merklich zu denselben Konsequenzen führen wie die Relativität, nur natürlich auf rechnerisch viel komplizierterem und weniger übersichtlichem Wege. Durch Annahme des ruhenden Kerns ist ja von vornherein für die Beschreibung der Elektronenbewegung ein raumzeitliches Ruhsystem vorgezeichnet (bei beweglichem Kern durch den Schwerpunkt von Elektron und Kern). In diesem Ruhsystem hat z. B. die Entfernung r und der Impuls $p_r = m\dot{r}$ seine legitime Bedeutung, so daß die feineren Fragen der Relativität hier nicht auftreten. Ich möchte aber darauf hinweisen, daß manche Formulierungen der vorangehenden Arbeit (I) relativistisch nicht in Strenge haltbar sind, so z. B. die Beziehung $p = \dfrac{\partial T}{\partial \dot{q}}$, welche in $\dot{q} = \dfrac{\partial T}{\partial p}$ oder in $p = \dfrac{\partial H}{\partial \dot{q}}$ abzuändern wäre, sowie der im letzten Paragraphen von (I) behandelte Zusammenhang zwischen kinetischer Energie und Phasenintegralen. Vielleicht kann der Hinweis hierauf dazu führen, den Quantenansatz in relativistischer Beziehung zu verbessern und die mehrfach genannte Unsicherheit in den Absolutwerten zu beheben.

§ 4. Zusammenfassung der bisherigen Resultate.

Indem wir aus Gl. (14) in Gl. (9) und (8) eintragen, bekommen wir

$$(15) \begin{cases} \dfrac{W_0}{\gamma^2} = -\dfrac{2\pi^2 m_0 e^2 E^2}{h^2} \dfrac{1}{(n' + n\gamma^2)^2} = -\dfrac{Nh}{(n' + n\gamma^2)^2}\left(\dfrac{E}{e}\right)^2, \\[2ex] \dfrac{b^2(1-\varepsilon^2)}{\gamma^2} = 4\left(\dfrac{\pi e E}{h c}\right)^2 \dfrac{1}{(n' + n\gamma^2)^2} = \dfrac{4a}{(n' + n\gamma^2)^2}\left(\dfrac{E}{e}\right)^2 = \dfrac{4\delta}{(n' + n\gamma^2)^2}. \end{cases}$$

Hier hat N wie früher die Bedeutung der Rydbergschen Zahl

$$N = \frac{2\,\pi^2\,m_0\,e^4}{h^3};$$

a und δ sind neue Abkürzungen:

$$(16) \qquad a = \left(\frac{\pi\,e^2}{h\,c}\right)^2 = 13{,}0 \cdot 10^{-6}, \quad \delta = \left(\frac{E}{e}\right)^2 a.$$

Im Falle des Wasserstoffs ist natürlich $E = e$ und $\delta = a$; im allgemeinen wird dagegen $\dfrac{E}{e}$ eine ganze Zahl größer als 1, also δ ein Vielfaches von a.

Einsetzen von (15) in (10) liefert zunächst

$$(17) \quad W = -\,\frac{Nh}{(n'+n\gamma^2)^2}\left(\frac{E}{e}\right)^2\left(1 - \frac{3\,\delta}{(n'+n\gamma^2)^2} + \frac{10\,\delta^2}{(n'+n\gamma^2)^4} + \cdots\right).$$

Hier ist noch die Entwicklung für $n' + n\gamma^2$ einzutragen. Nach (8) hat man

$$n' + n\gamma^2 = n' + n - (1 - \gamma^2)\,n = n' + n - b^2 n$$

$$= (n' + n)\left(1 - b^2\,\frac{n}{n'+n}\right).$$

Nach (8), (12) und (16) ist aber bis auf Glieder von kleinerer Ordnung als δ^2:

$$b^2 = \frac{4\,\delta}{n^2\,\gamma^2} = \frac{4\,\delta}{n^2\,(1 - b^2)} = \frac{4\,\delta}{n^2}\left(1 + \frac{4\,\delta}{n^2}\right),$$

also mit derselben Genauigkeit

$$n' + n\gamma^2 = (n' + n)\left(1 - \frac{4\,\delta}{n\,(n+n')}\left(1 + \frac{4\,\delta}{n^2}\right)\right)$$

$$(n'+n\gamma^2)^{-2} = (n'+n)^{-2}\left(1 + \frac{8\,\delta}{n\,(n+n')} + \frac{32\,\delta^2}{n^3\,(n+n')} + \frac{48\,\delta^2}{n^2\,(n+n')^2}\right)$$

$$\delta\,(n'+n\gamma^2)^{-4} = (n'+n)^{-4}\left(\delta + \frac{16\,\delta^2}{n\,(n+n')}\right)$$

$$\delta^2\,(n'+n\gamma^2)^{-6} = (n'+n)^{-6}\,\delta^2.$$

470 A. Sommerfeld

Aus (17) folgt daraufhin

$$W = -\frac{Nh}{(n'+n)^2}\left(\frac{E}{e}\right)^2\left(1 + \frac{8\,\delta}{n\,(n+n')} - \frac{3\,\delta}{(n+n')^2} + \frac{32\,\delta^2}{n^3\,(n+n')} + \frac{48\,\delta^2}{n^2\,(n+n')^2} - \frac{48\,\delta^2}{n\,(n+n')^3} + \frac{10\,\delta^2}{(n+n')^4}\right).$$

Das mit δ behaftete erste Korrektionsglied zieht sich zusammen zu

$$\frac{\delta}{(n+n')^2}\left(8\,\frac{n+n'}{n} - 3\right) = \frac{\delta}{(n+n')^2}\left(5 + 8\,\frac{n'}{n}\right),$$

das mit δ^2 behaftete zweite Korrektionsglied wird:

$$\frac{\delta^2}{(n+n')^4}\left(32\left(\frac{n+n'}{n}\right)^3 + 48\left(\frac{n+n'}{n}\right)^2 - 48\,\frac{n+n'}{n} + 10\right) =$$
$$\frac{\delta^2}{(n+n')^4}\left(42 + 144\,\frac{n'}{n} + 144\left(\frac{n'}{n}\right)^2 + 32\left(\frac{n'}{n}\right)^3\right).$$

Der Ausdruck für W kann daher so geschrieben werden:

$$W = -\frac{Nh}{(n+n')^2}\left(\frac{E}{e}\right)^2\left\{1 + \frac{\alpha}{(n+n')^2}\left(\frac{E}{e}\right)^2\left(A + B\,\frac{n'}{n}\right) + \frac{\alpha^2}{(n+n')^4}\left(\frac{E}{e}\right)^4 C\right\}.$$

(18)

Hier ist α durch Gl. (16) gegeben; für die (absichtlich unbestimmt geschriebenen) Koeffizienten A, B, C hat unsere Rechnung ergeben:

$$A = 5, \quad B = 8,$$

(19)

$$C = C_{n,\,n'} = 42 + 144\,\frac{n'}{n} + 144\left(\frac{n'}{n}\right)^2 + 32\left(\frac{n'}{n}\right)^3.$$

Der Wert von C kann, wie am Schluß des vorigen Paragraphen unter 2. bemerkt wurde, durch die hier nicht berücksichtigte Kernbewegung und ihre magnetische Wirkung beeinflußt werden. Worauf es uns bei diesem Korrektionsglied zweiter Ordnung allein ankommt, ist dieses, daß ein solches Korrektionsglied überhaupt auftritt und zwar mit positivem Werte von C. Seine Existenz wird sich in Fig. 3 bemerklich machen.

Die Feinstruktur der Wasserstoff- etc. Linien.   471

Bezüglich des Wertes von A besteht eine eigenartige Schwierigkeit. A mißt die relativistische Korrektion erster Ordnung im Falle $n' = 0$, d. i. $\varepsilon = 0$, also im Falle der einfachen Kreisbahn. Für die Kreisbahn läßt sich aber die Energie bei veränderlicher Elektronenmasse leicht direkt angeben, wie bereits Bohr getan. Man hat zunächst

$$W = m_0 c^2 \left(\frac{1}{\sqrt{1-\beta^2}} - 1 \right) - \frac{eE}{a};$$

$r = a$ ist der Kreisradius, β ist gleich $\dfrac{a\omega}{c}$, wenn ω die konstante Winkelgeschwindigkeit bedeutet. Da der Kreis eine rein periodische, keine quasi-periodische Bahn ist, scheint es angebracht, den gewöhnlichen Quantenansatz $2\pi p = nh$ beizubehalten, welcher zusammen mit dem Gesetz der Zentrifugalkraft liefert

$$\frac{m_0}{\sqrt{1-\beta^2}} a^2 \omega = \frac{nh}{2\pi}, \qquad \frac{m_0}{\sqrt{1-\beta^2}} a^3 \omega^2 = eE$$

$$a\omega = \frac{2\pi eE}{nh}, \qquad \beta^2 = \frac{4a}{n^2}\left(\frac{E}{e}\right)^2,$$

$$a = \frac{n^2 h^2}{4\pi^2 m_0 eE} \sqrt{1-\beta^2} = \frac{n^2 h^2}{4\pi^2 m_0 eE}\left(1 - \frac{2a}{n^2}\left(\frac{E}{e}\right)^2\right)$$

$$c^2\left(\frac{1}{\sqrt{1-\beta^2}} - 1\right) = \frac{(a\omega)^2}{2}\left(1 + \frac{3}{4}\beta^2\right) = \frac{2\pi^2 e^2 E^2}{n^2 h^2}\left(1 + \frac{3a}{n^2}\left(\frac{E}{e}\right)^2\right).$$

Für W ergibt sich hiernach in erster Näherung:

$$W = \frac{2\pi^2 m_0 e^2 E^2}{n^2 h^2}\left(1 + \frac{3a}{n^2}\left(\frac{E}{e}\right)^2 - 2 - \frac{4a}{n^2}\left(\frac{E}{e}\right)^2\right)$$

$$= -\frac{2\pi^2 m_0 e^2 E^2}{n^2 h^2}\left(1 + \frac{a}{n^2}\left(\frac{E}{e}\right)^2\right) = -\frac{Nh}{n^2}\left(\frac{E}{e}\right)^2\left(1 + \frac{a}{n^2}\left(\frac{E}{e}\right)^2\right).$$

Dagegen folgt aus (18) mit $n' = 0$ bei Vernachlässigung der zweiten Näherung:

$$W = -\frac{Nh}{n^2}\left(\frac{E}{e}\right)^2\left(1 + \frac{Aa}{n^2}\left(\frac{E}{e}\right)^2\right).$$

472   A. Sommerfeld

Die direkte Ausrechnung liefert also $A = 1$, während wir
früher $A = 5$ fanden. Der Unterschied liegt, wie man sich
leicht überzeugt, an dem verschiedenen Quantenansatz für die
periodische und quasiperiodische Bahn. Wenn wir W aus (18)
für $n' = 0$ berechnen, bilden wir sozusagen den Limes der
Energie für eine Ellipse von verschwindender Exzentrizität,
unter Beibehaltung der für alleExzentrizitäten gleichen Perihelbewegung. Dagegen bestimmt die direkte Ausrechnung die
Energie, die zu der Exzentrizität Null gehört, ohne Rücksicht
auf die Perihelbewegung. Diese Diskontinuität des Grenzüber-
gangs, auf welche schon am Schlusse von § 1 hingewiesen
wurde, liegt offenbar nur in unserer Auffassung des Vorgangs,
nicht in dem Vorgange selbst, und dürfte daher physikalisch
keinen Einfluß haben. Der Wert $A = 5$, zu dem unsere allgemeine Rechnung führte, kann daher verdächtig erscheinen,
ebenso aber auch der Wert $A = 1$. Es ist dieses ein weiterer
Grund, weshalb wir es in Gl. (18) vorzogen, die Formel mit
unbestimmten Koeffizienten A, B, C zu schreiben. Die Schlüsse,
auf die es uns ankommt, sind zum Glück von dem Zahlenwerte
von A und im wesentlichen auch von demjenigen von B und C
unabhängig.

§ 5. Allgemeine Folgerungen.

Es liegt im Sinne des Ritzschen Kombinationsprinzips,
welches seinen adäquaten Ausdruck in der Bohrschen Theorie
findet, wenn wir die folgenden allgemeinen Aussagen nicht für
die Wellenlänge oder Schwingungszahl der Serienlinien, sondern für den einzelnen Serienterm formulieren. Die Beobachtungen an der Serienlinie ergeben sich aus zwei Serientermen,
einem positiven und einem negativen. Der positive Serienterm entspricht der dem Vorzeichen nach umgekehrten, also
positiv genommenen Energie der Endbahn, der negative derjenigen der Ausgangsbahn.

a) Ein Serienterm mit $n + n' = 2$ erscheint als Dublett,
entsprechend den beiden möglichen Zerlegungen von 2:

$$2 = 2 + 0 \quad \text{und} \quad 2 = 1 + 1.$$

Die Feinstruktur der Wasserstoff- etc. Linien.   473

(Die dritte Möglichkeit $2 = 0 + 2$ wurde in (I, § 5) aus geometrischen Gründen abgewiesen.) Die beiden zugehörigen Energiewerte bezeichnen wir mit $W_{2,0}$ und $W_{1,1}$. Nach (18) ergibt sich, wenn wir hier und im folgenden die zweite Korrektion als unwesentlich nicht berücksichtigen:

$$W_{1,1} - W_{2,0} = - \frac{N h a B}{2^4} \left(\frac{E}{e}\right)^4.$$

Ist der fragliche Serienterm ein positiver, so wird die zugehörige Schwingungsdifferenz, die durch die Verschiedenheit der beiden Energiewerte veranlaßt wird:

$$(20) \qquad \varDelta \nu = - \frac{W_{1,1} - W_{2,0}}{h} = \frac{N a B}{2^4} \left(\frac{E}{e}\right)^4.$$

Diese Schwingungsdifferenz ist positiv, d. h. die Linie $n = 1$, $n' = 1$ hat die größere Schwingungszahl wie die Linie $n = 2$, $n' = 0$. Erstere Linie entspricht der einzigen hier möglichen Ellipse, letztere dem Kreise. Wir werden annehmen, daß immer die Kreisbahn die wahrscheinlichste und daß jeweils die Ellipsenbahn um so unwahrscheinlicher ist, je größer ihre Exzentrizität wird. Im Besonderen stimmt damit überein, daß wir die Ellipse mit der Exzentrizität 1, welche $n' = 0$ entsprechen würde, grundsätzlich ausgeschlossen, also mit der Intensität Null veranschlagt haben. Unsere Annahme über die Intensitäten ist eine naheliegende Zusatzhypothese und wird durch die Tatsachen durchweg bestätigt; mit unserer Theorie, die nur von der Lage der Linien spricht, steht sie naturgemäß in keinem notwendigen Zusammenhange. Auf Grund dieser Zusatzhypothese stellen wir fest: Entsteht das Dublett aus einem positiven Terme, so liegt die stärkere Linie, welche der Kreisbahn entspricht, nach Rot hin. Dies ist, allgemein gesprochen, der Fall der Nebenserien. Verdankt dagegen das Dublett seine Entstehung einem negativen Terme, so liegt die stärkere Linie, die die Kreisbahn darstellt, auf der violetten Seite. Dies ist der Fall der Hauptserie (D_2 ist stärker und violetter als D_1).

474   A. Sommerfeld

b) Ein Serienterm mit $n + n' = 3$ gibt Anlaß zu einem
Triplett entsprechend den drei möglichen Zerlegungen der
Zahl 3:

$$3 = 3 + 0, \quad 3 = 2 + 1, \quad 3 = 1 + 2.$$

Die zugehörigen Energiewerte werden mit $W_{3,0}$, $W_{2,1}$,
$W_{1,2}$ bezeichnet, wobei sich hier wie im folgenden der erste
Index auf n, der zweite auf n' bezieht. Die Energiedifferenzen
werden

$$W_{2,1} - W_{3,0} = -\frac{Nh\,aB}{3^4} \cdot \frac{1}{2} \cdot \left(\frac{E}{e}\right)^4,$$

$$W_{1,2} - W_{2,1} = -\frac{Nh\,aB}{3^4}\left(\frac{2}{1} - \frac{1}{2}\right)\left(\frac{E}{e}\right)^4$$

$$= -\frac{Nh\,aB}{3^4} \cdot \frac{3}{2}\left(\frac{E}{e}\right)^4.$$

Die aufeinander folgenden Komponenten haben die Schwingungsdifferenzen

$$(21) \quad \begin{cases} \Delta\nu_1 = -\dfrac{W_{2,1} - W_{3,0}}{h} = \dfrac{1}{2}\,\dfrac{Na\,B}{3^4}\left(\dfrac{E}{e}\right)^4, \\[3mm] \Delta\nu_2 = -\dfrac{W_{1,2} - W_{2,1}}{h} = \dfrac{3}{2}\,\dfrac{Na\,B}{3^4}\left(\dfrac{E}{e}\right)^4. \end{cases}$$

Ihr Verhältnis ist also

$$\Delta\nu_1 : \Delta\nu_2 = 1 : 3.$$

Die in (21) gewählten Vorzeichen sind für einen positiven Term gemeint. Hier liegt die stärkste Linie, die Kreisbahn, auf der roten Seite und es stufen sich die Intensitäten
des Tripletts nach Violett hin ab. Bei einem negativen Term
sind die Aussagen umzukehren.

c) Ein Serienterm mit $n + n' = 4$ ruft ein Quartett hervor, entsprechend den vier Zerlegungsmöglichkeiten

$$4 = 4 + 0, \quad 4 = 3 + 1,$$
$$4 = 2 + 2, \quad 4 = 1 + 3.$$

Die Feinstruktur der Wasserstoff- etc. Linien.   475

Die Energiedifferenzen sind

$$W_{3,1} - W_{4,0} = -\frac{N\,h\,a\,B}{4^4}\,\frac{1}{3}\left(\frac{E}{e}\right)^4$$

$$W_{2,2} - W_{3,1} = -\frac{N\,h\,a\,B}{4^4}\left(\frac{2}{2} - \frac{1}{3}\right)\left(\frac{E}{e}\right)^4 = -\frac{N\,h\,a\,B}{4^4}\,\frac{2}{3}\left(\frac{E}{e}\right)^4$$

$$W_{1,3} - W_{2,2} = -\frac{N\,h\,a\,B}{4^4}\left(\frac{3}{1} - \frac{2}{2}\right)\left(\frac{E}{e}\right)^4 = -\frac{N\,h\,a\,B}{4^4}\,2\left(\frac{E}{e}\right)^4.$$

Die Schwingungsdifferenzen der aufeinander folgenden Komponenten sind

$$(22)\quad\begin{cases} \Delta\nu_1 = -\dfrac{W_{3,1} - W_{4,0}}{h} = \dfrac{1}{3}\,\dfrac{N\,a\,B}{4^4}\left(\dfrac{E}{e}\right)^4, \\[2ex] \Delta\nu_2 = -\dfrac{W_{2,2} - W_{3,1}}{h} = \dfrac{2}{3}\,\dfrac{N\,a\,B}{4^4}\left(\dfrac{E}{e}\right)^4, \\[2ex] \Delta\nu_3 = -\dfrac{W_{1,3} - W_{2,2}}{h} = 2\,\dfrac{N\,a\,B}{4^4}\left(\dfrac{E}{e}\right)^4. \end{cases}$$

Ihr Verhältnis wird also

$$\Delta\nu_1 : \Delta\nu_2 : \Delta\nu_3 = 1 : 2 : 6.$$

Bezüglich Vorzeichen und Stärkeverhältnis gilt dasselbe wie unter b).

d) Ein Serienterm vom Charakter $\dfrac{1}{5^2}$ gibt Anlaß zu einem Quintett mit Schwingungsdifferenzen der aufeinander folgenden Komponenten vom Verhältnis:

$$\frac{1}{4}:\frac{2}{3} - \frac{1}{4}:\frac{3}{2} - \frac{2}{3}:\frac{4}{1} - \frac{3}{2} = \frac{1}{4}:\frac{5}{12}:\frac{5}{6}:\frac{5}{2} = 3:5:10:30 \text{ usf.}$$

e) Ein Serienterm vom Charakter $\dfrac{1}{1^2}$ ist in Strenge einfach. Er entspricht einer und nur einer Kreisbahn. Unter den Wasserstoff-ähnlichen Termen ist er der einzig einfache Term.

f) Liegt die Multiplizität im konstanten, also positiven Term, so wiederholt sie sich ungeändert durch die ganze Serie. Wir haben Dubletts, Tripletts etc. von konstanter Schwingungs-

31*

differenz, wie sie allgemein von den Nebenserien her bekannt sind. Aus a) geht hervor, daß die hierbei beobachtete Intensitätsabstufung (von Rot nach Violett) von unserer Theorie richtig wiedergegeben wird. Aus h) wird sich ergeben, daß die im konstanten Term begründete Multiplizität im allgemeinen überlagert wird von einer im variabeln Term gelegenen Multiplizität.

g) Liegt die Multiplizität im negativen, also variabeln Term und ist der konstante Term einfach ($n = 1$, Kreisbahn), so kommt in der zu beobachtenden Linie die Multiplizität des variabeln Termes rein zum Ausdruck. Entsprechend den Nummern $m + m' = 2, 3, 4, \ldots$ des variabeln Termes wird die erste Linie der Serie ein Dublett, die zweite ein Triplett, die dritte ein Quartett etc. Die Intensitäten stufen sich bei allen diesen Linien nach Rot ab, indem die Kreisbahn wegen des negativen Vorzeichens des Termes die violetteste Linie des Gebildes wird. Die in Schwingungszahlen gemessene Ausdehnung des Gebildes nimmt mit wachsender Numerierung ab, wegen des Faktors $(m + m')^4$ im Nenner des Energieausdrucks (18). In diesen beiden Punkten (Verhalten der Intensität und der Größe des Gebildes) besteht eine Analogie zu den Hauptserien der Elemente, allerdings keine vollständige Analogie, da diejenigen Elemente, bei denen die gewöhnlichen Hauptserien beobachtet werden, zu wenig Wasserstoffähnlich sind. Bei Wasserstoff selbst ist die hier beschriebene „Hauptserie" ultraviolett, vgl. § 6, 2.

h) Ist sowohl der konstante positive wie der variable negative Term mehrfach, so muß zunächst (schon aus energetischen Gründen) die Multiplizität des negativen Termes die größere sein. Liefert z. B. der konstante Term ein Dublett, so entspricht dem variabeln Terme, für sich genommen, in der ersten Serienlinie ein Triplett, in der zweiten ein Quartett etc. Die Überlagerung beider Multiplizitäten könnte man sich nun in der Weise vorgenommen denken, daß die beiden Linien des Dubletts in der ersten Seriennummer je aus 3, in der zweiten aus 4 etc. Komponenten bestehen, die ihrerseits die unter b), c) etc. bestimmten Abstandsverhältnisse haben. Die Linie $(n + n',\ m + m')$ würde dann ein Gebilde von im ganzen $(n + n')\,(m + m')$ Komponenten sein. Diese Auffassung ist indessen wohl nicht haltbar: vielmehr erschien uns ein anderer Standpunkt wahrscheinlicher, demzufolge die Zahlen m, m' einzeln genommen nicht kleiner sein dürfen als die Zahlen n, n' (vgl. I, § 5). Infolgedessen werden wir in dem als Beispiel herangezogenen Falle $n + n' = 2$, $m + m' = 3, 4, 5, \ldots$ vielmehr die folgende Feinstruktur der aufeinander folgenden Serienlinien erwarten:

Erste Linie . . . $(n,\ n') = (2,0)$, $(m,\ m') = (3,0)$, $(2,1)$
$\qquad\qquad\quad = (1,1)$, $\qquad\quad\ = (2,1)$, $(1,2)$.

Die Hauptlinie des Dubletts $(2,0)$, $(3,0)$, die der Kombination von zwei Kreisbahnen entspricht, ist nach der roten Seite von einem Satelliten $(2,0)$, $(2,1)$ begleitet; ebenso hat die schwächere Linie des Dubletts $(1,1)$, $(2,1)$, die der Kombination von zwei Ellipsen entspricht, den Satelliten $(1,1,)$, $(1,2)$.

Zweite Linie . . . $(n,\ n') = (2,0)$, $(m,\ m') = (4,0)$, $(3,1)$, $(2,2)$
$\qquad\qquad\quad = (1,1)$, $\qquad\qquad = (3,1)$, $(2,2)$, $(1,3)$.

Hier sind also die Linien des Dubletts von je 2 Satelliten begleitet, in der nächsten Seriennummer von je 3 etc., und zwar stets nach Violett hin gelegen und in dieser Richtung der Intensität nach abnehmend. Als Beispiel vgl. Fig. 1 betr. H_α und H_β. Die Ausdehnung des Satellitengebildes zieht sich dabei nach dem unter g) Gesagten mit wachsender Nummer der Serienlinie schnell zusammen, so daß die Multiplizität des variabeln Termes sich überhaupt nur in den niedrigsten Nummern bemerkbar machen und in den höheren allein die Multiplizität des konstanten Termes persistieren wird.

i) Bei Wasserstoff-ähnlichen Termen anderer Elemente erwarten wir eine ähnliche Feinstruktur und zwar um so genauer, je Wasserstoff-ähnlicher der betreffende Term ist, d. h. je genauer er die Form $\dfrac{N}{n^2}$ hat.

478   A. Sommerfeld

k) Über die Wasserstoff-unähnlichen Terme, welche nicht
die Form $\dfrac{N}{n^2}$ haben, können wir naturgemäß im wesentlichen nur
negative Aussagen machen. Die beim Wasserstoff zusammenfallenden und nur relativistisch getrennten Terme $(n,\ n')$,
$(m,\ m')$ werden hier auseinander fallen. Die dabei auftretenden Multiplizitäten, die man teils als Multiplizitäten, teils als
verschiedene Serientypen deutet (vgl. I, § 6), haben ihren Ursprung in der Beschaffenheit des Atomfeldes und seiner Abweichung vom Felde des Coulombschen Gesetzes. Die Multiplizitäten werden daher hier von ganz anderer Größenordnung.
Trotzdem ist ihre Struktur der der Wasserstoff-ähnlichen Linien
verwandt; man vergleiche die vollständigen Dubletts und Tripletts von Rydberg mit dem hier unter h) Gesagten. Die Aufgabe kann hier nicht sein, die Lage und Struktur der Linien
vorherzubestimmen, sondern muß darin bestehen, aus den
spektroskopischen Erfahrungen die Natur des Atomfeldes, also
den Aufbau des Atoms zu ermitteln. Natürlich wird auch
hierbei unsere Theorie der Phasenintegrale entscheidend mit-
zuwirken haben; es wird allerdings nötig sein, sie vorher für
die Anwendung auf nichtperiodische Bahnen zu erweitern.

l) Während bei den gewöhnlichen Flammen- und Bogen-
spektren $\dfrac{E}{e} = 1$ ist, hat man in den Funkenspektren $\dfrac{E}{e} = 2$.
Handelt es sich um Wasserstoff-gleiche oder Wasserstoff-ähn-
liche Funkenspektren (Helium), so finden auf sie die vorangehenden Schlüsse volle Anwendung, mit der Maßgabe, daß
die Komponentenabstände der Feinstruktur gegenüber den gewöhnlichen Spektren bei sonst gleichen Bedingungen vergrößert
erscheinen, wegen des Faktors $\left(\dfrac{E}{e}\right)^4 = 16$. Bei Funkenspektren
liegen also die Bedingungen für die Prüfung der Theorie gün-
stiger wie bei den gewöhnlichen Spektren; man kann hier
erwarten, bei höheren Seriennummern entsprechend kompli-
ziertere Strukturen nachzuweisen, wie unter den gewöhnlichen
Bedingungen.

Die Feinstruktur der Wasserstoff- etc. Linien.   479

m) Die Funkenspektren entstehen in einfach geladenen Atomen. Bohr hat bereits den Fall von Funkenspektren höherer Ordnung (mehrfach geladener Atome) ins Auge gefaßt. Der äußerste Grenzfall dieser Spektren liegt bekanntlich in der *K*-Serie der charakteristischen Röntgen-Frequenzen vor, wobei die Möglichkeit der Aufladung zunimmt mit der Ordnungszahl der Elemente im natürlichen System. Bei den Röntgen-Frequenzen, insbesondere denjenigen der Schwermetalle, werden also Multiplizitäten von makroskopischer Größe auftreten. Hier wird die Prüfung unserer Theorie am sichersten erfolgen können.

§ 6. Wasserstoff und positiv geladenes Helium.

1. Balmersche Serie.

Der konstante Term $\frac{1}{2^2}$ der Balmerschen Serie gibt Anlaß zu einem Dublett von konstanter Schwingungsdifferenz. Die Größe $\Delta \nu_H$ desselben wird uns im folgenden stets als Maßeinheit dienen. Sie beträgt nach (20) wegen $E = e$:

$$(23) \qquad \Delta \nu_H = \frac{N \alpha B}{2^4}.$$

Die Beobachtung hat ergeben

		$\Delta \lambda$	$\Delta \nu$
Michelson	H_α	0,14 Å. E.	0,32 cm^{-1}
„	H_γ	0,08	0,42
Fabry und Buisson	H_α	0,132	0,307

Der letzte Wert ist der zuverlässigste. Wir nehmen also an $\Delta \nu_H = 0{,}31$. Nach (23) berechnen wir daraus mit $\alpha = 13 . 10^{-6}$, $N = 1{,}1 . 10^5$ cm^{-1}:

$$B = 3{,}6 \quad \text{gegen} \quad B = 8 \text{ nach (19).}$$

Diese Unstimmigkeit im Koeffizienten B ist ein ernstlicher Einwand gegen die derzeitige Form unserer Theorie, aber nicht gegen die Theorie selbst. Sie weist auf eine Unvollkommen-

480   A. Sommerfeld

heit hin, die aber im folgenden nicht stören wird, wenn wir
die weiteren Angaben stets auf den theoretischen Wert von
$\Delta\nu_H$ beziehen und in diesem den Koeffizienten B erfahrungsgemäß korrigiert denken. Bezüglich der Stärke der beiden
Dublettkomponenten ergibt die Beobachtung in Übereinstimmung mit der Theorie (§ 5 a) und dem allgemeinen Tatbestand
bei Nebenserien, daß die stärkere Komponente die rötere ist.

Wegen des variabeln Termes sollten die beiden Dublett-
linien begleitet sein bei H_α von je einem, bei H_β von je zwei,
bei H_γ von je drei Satelliten etc. (vgl. § 5 h), deren Intensitäten nach Rot abnehmen. Wegen der großen Unschärfe der
H-Linien und der geringen Abstände dieser hinzutretenden
Komponenten ist ihre Beobachtung wenig aussichtsvoll. Wenn
einige Beobachter gelegentlich von mehreren Komponenten der
H-Linien sprechen, so liegt es nahe, dies auf einen ungewollten
Stark-Effekt zu schieben. Weniger wegen der Möglichkeit
einer experimentellen Prüfung als wegen der späteren Anwendung auf Li und zur Erläuterung der allgemeinen Behaup-
tungen in § 5 gebe ich hier die Figuren für H_α und H_β. Die
Länge der Linien soll in einem qualitativen Maßstab die mut-
maßlichen Intensitäten darstellen. (Indem wir die Intensität

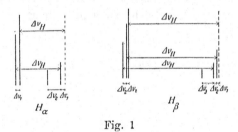

Fig. 1

der Kreisbahn gleich 1 nehmen, lassen wir die für die Ellipsenbahnen mit wachsender Exzentrizität gleichmäßig zu Null abnehmen.) Der Maßstab für die Schwingungszahlen mußte bei
H_β doppelt so groß gewählt werden wie bei H_α, um die Figur
nicht zu undeutlich zu machen. In den entsprechenden Figuren

für H_γ und H_δ würden sich die Komponenten so enge an die Dublettlinien herandrängen (wegen des hier auftretenden Faktors $\frac{1}{5^4}$ bzw. $\frac{1}{6^4}$), daß sie nicht mehr zu zeichnen, geschweige denn zu beobachten sind.

Zur Erläuterung diene folgendes. Bei H_a, linke rötere Liniengruppe, entspricht die Hauptlinie der Entstehungsweise aus zwei Kreisbahnen

$$(n, n') = (2,0), \quad (m, m') = (3,0), \quad \text{Intens.} = 1.1.$$

Der Satellit dieser Linie gehört zu dem Schema

$$(n, n') = (2,0), \quad (m, m') = (2, 1), \quad \text{Intens.} = 1 \cdot \frac{2}{3}.$$

Der gegenseitige Abstand beider beträgt nach (21) und (23)

$$(24)_1 \qquad \varDelta \nu_1 = \frac{1}{2} \; \frac{N \alpha B}{3^4} = \frac{1}{2} \; \frac{2^4}{3^4} \varDelta \nu_H = \frac{8}{81} \varDelta \nu_H.$$

Bei H_a, rechte violettere Liniengruppe, ist das Schema

$$(n, n') = (1,1), \quad (m, m') = (3,0)$$

nach unserer Auffassung nicht realisierbar wegen zunehmender radialer Quantenzahl des Überganges. Die zugehörige Linie ist daher in der Figur punktiert gezeichnet. Die stärkste Linie dieser Gruppe gehört vielmehr zu dem Schema

$$(n, n') = (1,1), \quad (m, m') = (2,1), \quad \text{Intens.} = \frac{1}{2} \cdot \frac{2}{3}$$

und die schwächste Linie zu

$$(n, n') = (1,1), \quad (m, m') = (1,2), \quad \text{Intens.} = \frac{1}{2} \cdot \frac{1}{3}.$$

Der gegenseitige Abstand der beiden letzteren Linien wird nach (21)

$$(24)_2 \qquad \varDelta \nu_2 = \frac{3}{2} \; \frac{N \alpha B}{3^4} = \frac{3}{2} \; \frac{2^4}{3^4} \varDelta \nu_H = \frac{8}{27} \varDelta \nu_H.$$

Entsprechend ist die Figur für H_β gezeichnet. Die Abstände der aufeinander folgenden Komponenten der röteren Gruppe sind hier nach (22)

482   A. Sommerfeld

(25)$_1$ $\Delta \nu_1 = \dfrac{1}{48}\,\Delta \nu_H, \;\; \Delta \nu_2 = \dfrac{1}{24}\,\Delta \nu_H$

und die der violetteren Gruppe

(25)$_2$ $\Delta \nu_2 = \dfrac{1}{24}\,\Delta \nu_H, \;\; \Delta \nu_3 = \dfrac{1}{8}\,\Delta \nu_H.$

Die Aussicht für den Nachweis dieser Feinstruktur ist hiernach bei H_α und H_β gering, noch geringer bei den höheren Gliedern der Balmer-Serie.

2. Ultraviolette Serie.

Dieselbe hat die Formel

$$\nu = N\left(\frac{1}{1^2} - \frac{1}{m^2}\right), \;\; m = 2, 3, 4, \ldots$$

unter Fortlassung der Korrektionsglieder. (Natürlich müßten wir hier und im folgenden von unserem Standpunkte aus eigentlich schreiben $m + m'$ statt m.) Sie ist von Lyman gemessen worden, neuerdings bis nahe an die Grenzfrequenz $\nu = N$ heran. Sie gibt das einfachste Beispiel für den in § 5 g besprochenen Hauptserien-Fall mit konstantem einfachen Term. Ihre aufeinander folgenden Linien sollen hiernach sein ein Dublett, Triplett etc. Die bisherigen Messungen reichen wohl nicht aus, um dieses zu prüfen.

3. Ultrarote Serie.

Von Ritz vorhergesagt und von Paschen in ihren zwei ersten Nummern beobachtet, ist die Serie

$$\nu = N\left(\frac{1}{3^2} - \frac{1}{m^2}\right), \;\; m = 4, 5, 6, \ldots$$

Sie besteht nach unserer Theorie wegen des konstanten Termes $\dfrac{1}{3^2}$ der Hauptsache nach aus einem Triplett von konstanter Schwingungsdifferenz. Die von Rot nach Violett auf-

Die Feinstruktur der Wasserstoff- etc. Linien.   483

einander folgenden und ihrer Intensität nach abnehmenden
Komponenten haben nach (21) die Abstände:

$$\Delta v_1 = \frac{1}{2} \frac{N a B}{3^4} = \frac{1}{2} \frac{2^4}{3^4} \Delta v_{II} = \frac{8}{81} \Delta v_{II},$$

$$\Delta v_2 = 3 \Delta v_1 = \frac{8}{27} \Delta v_H.$$

Als Bild dieses Tripletts kann man die für He gemeinte
Fig. 2a ansprechen, wenn man diese auf $\frac{1}{16}$ in den Schwingungszahlen und Schwingungsdifferenzen reduziert. Bei H wird hiernach die absolute Größe dieses Tripletts sehr klein, derart,
daß seine Beobachtung zumal im ultraroten Frequenzgebiet
wohl ausgeschlossen ist.

Einfach geladenes Helium.

Wenngleich sich aus der Dispersionstheorie[1]) ergeben hat,
daß das neutrale Heliumatom nicht die einfache von Bohr an-
genommene Gestalt haben kann, daß vielmehr der Heliumkern
selbst schon komplizierter gebaut sein muß, liefern die Funkenspektren des Heliums, bei denen dieses also ein Elektron verloren hat und daher einfach positiv geladen ist, bisher keine
Andeutung dieser Komplikation. Wir werden also gegenwärtig
das geladene Helium als Wasserstoff-gleich behandeln, mit dem
Unterschiede natürlich, daß hier $E = 2e$ zu setzen ist. Bekanntlich sind die Funkenspektren des Heliums früher als
Hauptserie und II. Nebenserie des Wasserstoffs beschrieben worden und sollen auch hier der Kürze halber so bezeichnet werden.
Auf die charakteristische Verschiedenheit der Rydbergschen
Zahl, welche die Zugehörigkeit zum Helium beweist, brauchen
wir nicht einzugehen, da es uns nur auf die Differenzen der
Schwingungszahlen ankommt, nicht auf deren Absolutwerte.

---

[1]) P. Debye, diese Berichte, Januar 1915, A. Sommerfeld, Elster
und Geitel, Festschrift, pag. 578. Braunschweig 1915.

484   A. Sommerfeld

4. Sog. Hauptserie des Wasserstoffs.

Ihre Formel ist im Groben

$$\nu = 4\,N\left(\frac{1}{3^2} - \frac{1}{m^2}\right), \quad m = 4,\, 5,\, 6,\, \ldots$$

Der konstante Term bedingt ein Triplett von konstanter Schwingungsdifferenz durch die ganze Serie mit dem Komponentenabstand $1:3$ und mit nach Violett abnehmendem Intensitätsverhältnis. Wegen des Faktors $\left(\dfrac{E}{e}\right)^4 = 16$ sind die absoluten Werte der Schwingungsdifferenzen hier 16 mal günstiger wie im vorhergehenden Falle, nämlich

(26) $$\varDelta\nu_1 = \frac{128}{81}\,\varDelta\nu_H, \quad \varDelta\nu_2 = \frac{128}{27}\,\varDelta\nu_H.$$

Diese Tripletts sind durch mehrere Glieder der Serie hindurch von Paschen beobachtet worden mit dem theoretischen Komponentenabstand $1:3$ und genau im richtigen Verhältnis zu den Wasserstoff-Dubletts. Ich berechne z. B. nach den Formeln (26) aus den Paschen'schen Messungen von $\varDelta\nu_1$ und $\varDelta\nu_2$ beim ersten Gliede der Serie rückwärts $\varDelta\nu_H = 0,31$ bzw. $0,30$. Auch die Schätzung des Intensitätsverhältnisses liegt im Sinne der Theorie. Über die Zahlen seiner Messungen wird Herr Paschen demnächst selbst berichten. Es sei bemerkt, daß Beobachtung und Theorie unabhängig voneinander vorgegangen und nur durch einen Briefwechsel in Verbindung gebracht worden sind.

5. Sog. II. Nebenserie des Wasserstoffs.

Die Glieder dieser Serie mit ungeradem m bilden die Pickeringsche Serie; diejenigen mit geradem m sind kürzlich zuerst von Evans[1]) beobachtet, liegen in nächster Nähe der Balmer-Linien und weichen von ihnen nur wegen des verschiedenen Wertes von N ab. Die zusammenfassende Darstellung der Gesamtserie im Groben lautet

$$\nu = 4\,N\left(\frac{1}{4^2} - \frac{1}{m^2}\right), \quad m = 5,\, 6,\, 7,\, \ldots$$

[1]) Phil. Mag., Februar 1915, pag. 284.

Die Feinstruktur der Wasserstoff- etc. Linien.   485

Wegen des konstanten Termes erwarten wir, daß die Feinstruktur jeder Linie ein Quartett ist mit den Komponenten-
abständen, vgl. (22)

$$\Delta \nu_1 = \frac{1}{3} \, \frac{N\alpha B}{4^4} \, 2^4 = \frac{1}{3} \, \Delta \nu_H, \; \Delta \nu_2 = \frac{2}{3} \, \Delta \nu_H, \; \Delta \nu_3 = 2 \, \Delta \nu_H.$$

Die letzte schwächste Linie dieses Quartetts ist im richtigen
Abstand $3 \, \Delta \nu_H$ von der Hauptlinie von Paschen in mehreren
Gliedern der Serie gefunden worden; von der zweiten und dritten
Komponente dagegen hat sich bisher nichts ergeben. Einstweilen bin ich geneigt, diesen negativen Befund auf mangelnde
Auflösung zu schieben. Auch Paschen meint, daß seine bisherigen Beobachtungen noch nicht gegen die Existenz dieser
zwei Komponenten entscheiden. Die Linien sind nur schwach
photographiert. Dabei kann eine so feine Struktur unbemerkt
bleiben.

In Fig. 2 b ist dieses Quartett, in Fig. 2 a das vorige
Triplett dargestellt, wie es dem konstanten Term allein entspricht. Das Hinzukommen des variabeln Terms bedingt nach
unserer Auffassung Satelliten auf der roten Seite, und zwar

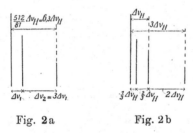

Fig. 2 a   Fig. 2 b

mit der Seriennummer von zunehmender Zahl und abnehmenden Abständen von der Hauptlinie. In den höheren Seriengliedern kann sich daher der variable Term nur mehr durch
eine Abschattierung der betreffenden Hauptlinie nach Rot gel-
tend machen. Die höheren Serienglieder würden daher direkt
das in den Fig. 2 dargestellte Endgebilde verwirklichen. Bei
den niederen Seriengliedern würde dagegen durch das Hinzu-

486   A. Sommerfeld

treten der Satelliten und das Ausfallen der Hauptlinien (vgl.
die in Fig. 1 punktierten Linien) auch in den Schwingungs-
verhältnissen gewisse Abweichungen von dem hier dargestell-
ten Endgebilde hervorgebracht werden. Die fraglichen Abweichungen können nach dem Vorbilde von Fig. 1 und den
dort gegebenen Erläuterungen leicht konstruiert werden. Als
Beispiel vgl. das Li-Dublett im nächsten Paragraphen. Es sei
bemerkt, daß die oben mitgeteilte, an Gl. (26) angeschlossene
Berechnung von $\varDelta \nu_H$ aus den Paschen'schen Messungen des
He-Tripletts bereits den Endzustand des Tripletts, nicht den
durch den variabeln Term modifizierten Anfangszustand zu
Grunde legt. Es sind zwar von Paschen bei jenem Triplett
Begleiter auf der roten Seite gefunden, welche ihre Zugehörigkeit zu dem variabeln Term auch experimentell verraten und
bei den höheren Seriengliedern an die Hauptlinien heranrücken
resp. ganz verschwinden. Aber sie stimmen nur teilweise mit
den Erwartungen unserer Theorie überein.

Auf Grund dieser Bemerkungen müssen wir daher unsere
Folgerungen über die Satelliten, die aus dem variabeln Terme
entstehen, als unsicherer hinstellen wie diejenigen über die
Hauptlinien, die dem konstanten Terme entspringen. Deshalb
wurde auch in den Fig. 2 vorerst von jenen Satelliten abgesehen.

§ 7. Lithium und neutrales Helium.

Wir wenden uns jetzt zu den Wasserstoff-ähnlichen Elementen. Diese werden wir unter den kleinsten Atomgewichten
zu suchen haben.

Es handelt sich zunächst um den dem Werte $\frac{1}{2^2}$ benachbarten Term solcher Elemente und die dabei zu erwartenden
Dubletts. Dieser Term tritt auf als positives konstantes Glied
der I. und II. Nebenserie und als negatives Glied in der ersten
Linie der Hauptserie. Dem letzteren Vorkommen entsprechend
wird der Term allgemein mit $2p$ bezeichnet. Den äußerst
nützlichen Tabellen von Dunz[1]) entnehme ich folgende Werte:

---

[1]) Bearbeitung unserer Kenntnisse von den Serien, Diss. Tübingen 1911.

Die Feinstruktur der Wasserstoff- etc. Linien.   487

	$2p$	$\dfrac{N}{2p}$
Li	28581	$(2 - 0{,}041)^2$
He	29221	$(2 - 0{,}063)^2$
Parhe	27174	$(2 + 0{,}009)^2$
H	27419	2^2

An erster Stelle steht Lithium, an zweiter dasjenige Helium-
spektrum, dessen Linien als Dubletts beobachtet werden, an
dritter Stelle das früher als Parhelium bezeichnete Helium-
spektrum, welches einfache Linien zu haben scheint, an letzter
Stelle der entsprechende Wasserstoffterm $\dfrac{N}{2^2}$. Nach der ersten
Zeile weicht also *Li* und mehr noch *He* nach der einen Seite,
Parrhelium sehr wenig nach der anderen Seite von Wasserstoff ab. Diese Abweichung bringt die zweite Zeile noch
rationeller zum Ausdruck durch Vergleich des Nenners des
betreffenden Serienterms mit dem Balmerschen Nenner 2^2.

Aus der Ähnlichkeit der Serienterme schließen wir auf
eine Ähnlichkeit der Atomfelder und der einschlägigen Elektronenbahnen. Also wird auch bei *Li* der Term $2p$ entstehen
entweder aus einem annähernden Kreis oder aus einer Ellipse
von annähernd dem Verhältnis $1/2$ zwischen kleiner und großer
Achse. Die zugehörige Struktur wird also die eines Dubletts
sein von annähernd der Größe des Wasserstoffdubletts.

Daß die Lithiumlinien doppelt sein müssen, war nach der
Analogie mit den Serien der übrigen Alkalien zu vermuten.
Zeeman hat die Dublizität von $\lambda = 6708$ zuerst nachgewiesen.
Vollständigere Daten verdanken wir Kent.[1]) Kent findet aus
der II. Nebenserie bzw. dem zusammenfallenden ersten Gliede
von Hauptserie und II. Nebenserie

$$\varDelta \nu = 0{,}336,\ 0{,}339,\ 0{,}340\ \text{cm}^{-1}$$

und aus dem ersten bzw. zweiten Gliede der I. Nebenserie

$$\varDelta \nu = 0{,}306,\ 0{,}326\ \text{cm}^{-1}.$$

[1]) Astrophysical Journal, Bd. 2, 1914, pag. 343. Die Arbeit ist in
Tübingen ausgeführt.

488   A. Sommerfeld

Wir haben also, wie wir erwarteten, fast genau das Wasserstoffdublett $\Delta\nu = 0{,}31$ cm^{-1}.

Den Unterschied zwischen den $\Delta\nu$ der I. und der II. Nebenserie hält Kent für reell. Ich möchte in dieser Hinsicht mit
allem Vorbehalt auf folgende Erklärungsmöglichkeit hinweisen.
Die erste Linie der ersten Nebenserie entspricht durchaus H_α
(wie wir noch sehen werden, ist der negative zweite Term
dieser Serie bei Li noch Wasserstoff-ähnlicher wie der positive erste); man kann also für diese Linie die erste Fig. 1
heranziehen, ebenso für die zweite Linie die zweite Fig. 1.
Mißt man nun in jener als Dublettabstand den Abstand von
der Hauptlinie links bis zu der Hauptlinie rechts, die um
$\Delta\nu_1 = \dfrac{8}{81}\,\Delta\nu_H$ (vgl. Gl. (24)$_1$) von der punktierten Linie absteht, so erhält man einen um $10\,^0/_0$ kleineren Abstand als
das theoretische $\Delta\nu_H$. Auf die Li-Linie übertragen würde sich
an Stelle des Dublettabstandes 0,34, wie er aus der II. Nebenserie folgt, der um $10\,^0/_0$ kleinere Wert 0,31 ergeben, der bei
der ersten Linie der I. Nebenserie tatsächlich beobachtet ist.
Mißt man ebenso in der zweiten Fig. 1 den Dublettabstand
von der Hauptlinie links bis zu der Mitte der beiden stärkeren
Komponenten rechts, die nach (25)$_1$ um

$$\frac{\Delta\nu_1 + \Delta\nu_2}{2} = \frac{1}{32}$$

von der punktierten Linie absteht, so findet man einen um
$3\,^0/_0$ kleineren Wert des Abstandes als den mit $\Delta\nu_H$ bezeichneten Wert. Dementsprechend können wir bei der zweiten
Linie der I. Nebenserie von Li statt des sonst beobachteten
Wertes 0,34 den um $3\,^0/_0$ kleineren Wert 0,33 erwarten, was
ebenfalls der Beobachtung entspricht. Bei der II. Nebenserie
dagegen tritt diese Komplikation nicht auf, weil der Term ns
bekanntlich stets einfach ist. Wenn unsere Deutung richtig
ist, würden wir hier eine sehr befriedigende Bestätigung des
bei den Balmer-Linien nicht nachweisbaren Einflusses des zweiten
Terms auf die Dublettbreite haben, von dem am Ende von
§ 6, 1 die Rede war.

Die Feinstruktur der Wasserstoff- etc. Linien.   · 489

Beim Helium ist die in der obigen Tabelle dargestellte Abweichung des Serienterms vom Wasserstoff größer als beim Lithium und liegt nach derselben Seite wie bei letzterem. Während wir bei *Li* eine kleine Vergrößerung des Wasserstoffdubletts hatten, werden wir bei *He* eine größere Vergrößerung desselben erwarten. Tatsächlich ergeben die Tabellen für *He* $\varDelta \nu = 1{,}05$ cm^{-1}.

Bei Parhelium ist die Abweichung des fraglichen Terms viel kleiner als bei Lithium und liegt nach der anderen Seite. Hier werden wir daher eine geringe Verkleinerung des Wasserstoffdubletts erwarten, d. h. einen Wert $\varDelta \nu < 0{,}31$ cm^{-1}.

Damit stimmt es, daß Parhelium ein ausgezeichnetes Beispiel für scheinbar genau einfache Linien und für normalen Zeeman-Effekt liefert. Letzteres braucht natürlich nur zu heißen, daß der Paschen-Back-Effekt wegen Engheit des Dubletts schon bei kleinsten Magnetfeldern in Kraft tritt. Daß sich auch die Linien von Parhelium schließlich als doppelt herausstellen, ist natürlich keineswegs ausgeschlossen.

Noch Wasserstoff-ähnlicher als der Term $2\,p$ verhält sich bei *Li*, *He* und Parhelium der Term $3\,d$, wie die folgende Tabelle zeigt

	$3\,d$	$\dfrac{N}{3\,d}$
Li	12202,5	$(3-0{,}0020)^2$
He	12208,0	$(3-0{,}0026)^2$
Parhe	12204,25	$(3-0{,}0022)^2$
H	12186,0	3^2

Dieser Term müßte also in großer Reinheit die interessanten Tripletts, der Term $4\,d$ die Quartetts zeigen, die wir oben beim Funkenspektrum des Heliums (§ 6, 4) besprachen. Wenn unsere obige Deutung der Abweichung des *Li*-Dubletts richtig ist, so haben wir in diesen bereits Merkmale der Existenz der Tripletts im ersten Gliede der I. Nebenserie des *Li*, des Quartetts im zweiten Gliede. In den gewöhnlich beobachteten Serien tritt der Term $3\,d$ leider nicht als konstanter positiver Term auf, so daß es hier zu einer vollen Ausbildung

490   A. Sommerfeld

des Tripletts wie beim Funkenspektrum des Heliums nicht
kommen kann. Wohl aber kommt 3 d als positiver Term der
Bergmann-Serie vor. Wir müssen also behaupten, daß die
Bergmann-Serie (abgesehen von einer etwaigen Multiplizität
des zweiten eigentlichen Bergmann-Terms) aus Tripletts von
konstanter Schwingungsdifferenz mit dem Komponentenabstande
1 : 3 besteht von der oben beim Wasserstoff in § 5, 3 berechneten (also leider sehr minutiösen) absoluten Größe, und zwar
um so genauer, je Wasserstoff-ähnlicher der Term 3 d ist. Auch
bei *Na*, *K* u. a. ist die Ganzzahligkeit des Terms 3 d recht
befriedigend, so daß die Bergmann-Serien auch dieser Elemente
guten Erfolg versprechen für den Nachweis unseres Triplett-
Typus, ebenso die Bergmann-Serie mit dem positiven Term 4 d
für den Nachweis unseres Quartett-Typus.

Besonders hervorheben möchte ich, daß unsere Diskussion
des *Li*-Dubletts die Brücke bildet zur Deutung der Dubletts
der Alkalien, also zunächst des *D*-Dubletts, und anderer Wasser-
stoff-unähnlicher Terme. Wie in § 5 k) hervorgehoben, reichen
die allgemeinen Betrachtungen hier natürlich nicht aus, sondern müssen spezielle Untersuchungen über die Atomfelder eingreifen, bei denen neue Konstanten zur Charakterisierung der
letzteren eingeführt werden. Im Gegensatz dazu können wir
sagen, daß unsere Wasserstoff-ähnlichen Multiplizitäten durchweg durch Null-konstantige Formeln dargestellt werden, d. h.
nur universelle Größen benutzen.

§ 8. *K*- und *L*-Serie der charakteristischen Röntgen-Frequenzen.

Wir stützen uns auf folgende Tatsachen:

1. Die stärkste Linie der *K*-Serie, die K_α-Linie, beobachtet von $Z = 13$ bis $Z = 60$ durch Moseley[1]) und Malmer[2])
(Z = Ordnungszahl der Elemente im natürlichen System), wird
nach Moseley dargestellt durch die Formel

$$(27) \qquad \nu = N(Z-1)^2 \left(\frac{1}{1^2} - \frac{1}{2^2} \right).$$

---

[1]) Phil. Mag. 26, p. 1024, 27, p. 703.
[2]) Diss. Lund 1915.

Der Faktor $\dfrac{1}{1^2} - \dfrac{1}{2^2} = \dfrac{3}{4}$ ergibt sich nach Rydberg[1]) mit einer Genauigkeit größer als $1^0/_{00}$.

2. Die K_α-Linie ist nach weicheren Strahlen hin von einer schwächeren Linie begleitet, die wir $K_{\alpha'}$ nennen werden. Der Abstand von K_α und $K_{\alpha'}$ ist durch Malmer zwischen $Z = 35$ und $Z = 60$ gemessen. Wir sprechen also von dem K-Dublett und nennen seine Schwingungsdifferenz $\varDelta \nu$.

3. Eine zweite Linie der K-Serie, die K_β-Linie, ist noch härter wie K_α und in demselben Bereich wie K_α gemessen. Eine dritte Linie K_γ, härter als K_β, ist bisher nur in wenigen Beispielen bekannt (Bragg, E. Wagner, Malmer).

4. Die bei gleichem Z weichere L-Serie ist, bei hohen Ordnungszahlen Z, die bestbekannte Serie. Ihre stärkste Linie heißt L_α, gemessen von Moseley u. a.

5. Von Moseley sind noch eine Reihe weiterer Linien der L-Serie teils gemessen, teils nur beobachtet. Die gemessenen Linien bezeichnet er mit L_β, L_φ, L_γ. Sie sind alle härter wie L_α. Ihre Formel ist noch nicht bekannt.

6. Zwischen den Schwingungszahlen von K_α, K_β und L_α besteht nach Kossel[2]) die Beziehung

$$(28) \qquad\qquad K_\beta - K_\alpha = L_\alpha.$$

Bohr weist darauf hin, daß diese Beziehung eine Anwendung des Ritzschen Kombinationsprinzips auf die Röntgen-Frequenzen bedeutet. Sie besitzt daher eine durch das ganze optische Spektrum hindurch bewährte große Sicherheit.

7. Aus (28) folgern wir als Darstellung der Frequenzen von K_β und L_α mit Rücksicht auf (27)

$$(29) \qquad \begin{cases} K_\beta \ldots \nu = N\left(\dfrac{(Z-1)^2}{1^2} - M\right) \\[2ex] L_\alpha \ldots \nu = N\left(\dfrac{(Z-1)^2}{2^2} - M\right). \end{cases}$$

---

[1]) Phil. Mag. August 1914, pag. 148.
[2]) Bericht der deutschen phys. Ges. 1914.

492   A. Sommerfeld

Die Bezeichnung M ist mit Rücksicht auf eine dritte, noch
nicht entdeckte Serie, die „M-Serie", gewählt, deren Grenzfrequenz durch NM dargestellt wird. Zu (29) ist zu bemerken,
daß der erste Term von K_β und L_α streng Wasserstoff-gleich
wird, ebenso wie es erfahrungsgemäß beide Terme von K_α sind.
Die Untersuchung des M-Terms, über dessen Charakter nichts
ausgemacht ist, ist eine interessante Aufgabe, die uns aber
hier nichts angeht.

Die Folgerung 2, Existenz eines K-Dubletts, hätten wir
nach unserer Theorie unmittelbar aus der Darstellung (27)
ziehen können. Während der erste Term derselben strenge
einfach ist, ist der zweite doppelt. Da er negatives Vorzeichen
hat, muß das Dublett umgekehrt liegen, wie z. B. beim Wasserstoff, d. h. die stärkere Linie (K_α) ist die härtere, was der
Erfahrung entspricht. In derselben Weise können wir aus
der Darstellung (29) schließen, daß L_α ein Dublett sein muß
vermöge seines positiven ersten Terms. Der Charakter des
zweiten Terms scheidet dabei, als unbekannt, völlig aus. Dieses
L-Dublett muß dieselbe Schwingungsdifferenz und umgekehrte
Lage wie das K-Dublett zeigen: Die stärkere Linie (L_α) ist
die weichere; die schwächere zweite Linie des Dubletts ist auf
der härteren Seite zu suchen. Nach unserer Formel für die
aus dem Terme $\dfrac{1}{2^2}$ entstehenden Dubletts, Gl. (20), könnten
wir die zweite Linie des L-Dubletts voraus berechnen. Wir
würden sie mit der Moseleyschen Linie L_β identisch finden.

In der Tat hat 8. W. Kossel[1]) empirisch gezeigt, daß in
Schwingungszahlen gilt:

(30) $L_\beta - L_\alpha = K_\alpha - K_{\alpha'}.$

Diese Feststellung Kossels ist unabhängig von meiner
Theorie erfolgt und hat mich umgekehrt, bei Gelegenheit eines
Colloquium-Vortrages von Hrn. Kossel, dazu geführt, meine
Theorie auf die Röntgen-Frequenzen anzuwenden. Gl. (30)
besagt, daß wir die Schwingungsdifferenz $\varDelta\nu$ des K-Dubletts

---

[1]) Berichte der deutschen phys. Ges. 1916.

ebenso gut oder vielmehr besser aus dem L-Dublett entnehmen
können, wenn wir als solches nach Kossel die Linien L_a und
L_β zusammenfassen. Die Messung des L-Dubletts ist deshalb
die bessere, weil die Wellenlängendifferenz bei den weicheren
L-Linien größer ist, als bei gleicher Schwingungsdifferenz diejenige der härteren K-Linien.

Unsere Theorie erlaubt nun aber, nicht nur Existenz und
Gleichheit der K- und L-Dubletts, sondern auch ihre Größe
vorher zu sagen. Nach Gl. (20), der ersten und einfachsten
Anwendung unserer Theorie, soll nämlich sein

$$\Delta\nu = \frac{N\alpha B}{2^4}\left(\frac{E}{e}\right)^2,$$

während andererseits nach Gl. (23) war

$$\Delta\nu_H = \frac{N\alpha B}{2^4}.$$

Also folgt

(31) $$\Delta\nu = \left(\frac{E}{e}\right)^4 \cdot \Delta\nu_H = (Z-1)^4\,\Delta\nu_H.$$

Hier ist $\dfrac{E}{e}$ nach der Moseleyschen Formel (27) für K_a
und nach der daraus abgeleiteten Formel (29) für L_a gleich
$Z-1$ angenommen worden.

Nach (31) muß also $\dfrac{\Delta\nu}{(Z-1)^4}$ konstant und gleich $\Delta\nu_H$ sein.
Diese Beziehung bewährt sich mit außerordentlicher Schärfe
durch das ganze natürliche System hindurch von $Z=39\,(Y)$
bis $Z=79\,(Au)$, d. h. in dem ganzen Bereich, in dem Messungen vorliegen. Es fallen eigentlich nur zwei Elemente,
nämlich $Z=34\,(Se)$ und $Z=35\,(Br)$ aus der Regel heraus.
Offenbar ist hier, bei Beginn der Reihe, wegen des fehlenden
Anschlusses an Nachbarelemente, die Auswahl der richtigen
Linie aus den Malmerschen Aufnahmen erschwert gewesen.

Das Nähere zeigt Fig. 3. Die aus den K-Dubletts ge-
wonnenen Punkte sind durch Kreuze, die aus den L-Dubletts
durch kleine Kreise bezeichnet. Die letzteren liegen viel regel-

494   A. Sommerfeld

mäßiger wie die ersteren, was wir nach Art ihrer Messung zu
erwarten haben.   Bei den *K*-Dubletts habe ich einige Werte
nach gef. brieflicher Mitteilung von Hrn. Malmer gegenüber
den in seiner Dissertation gedruckten Zahlen abgeändert.   Die
verbesserten Werte liegen fast durchweg mehr im Sinne unserer
Regel, wie die ursprünglichen.

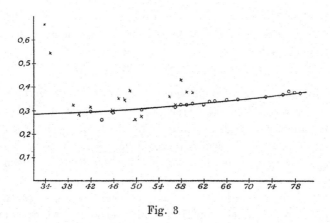

Fig. 3

Durch die Beobachtungswerte kann man ohne Zwang eine
Kurve hindurch legen, welche sich durchweg in der Nähe des
Wasserstoffwertes $\varDelta \nu_H = 0{,}31$ hält.   Unsere Regel ist also
exakt bestätigt.

Der kleine Gang in den Versuchswerten, der sich in dem
Anstieg der Kurve von kleineren zu größeren Z äußert, kann
dabei verschiedene Ursachen haben.

a) Am nächsten liegt es, hierin eine Wirkung unseres
Korrektionsgliedes zweiter Ordnung, des mit dem Faktor C
behafteten Terms in Gl. (18) zu sehen.   Bildet man nämlich
nach dem Vorbilde von (20) die Differenz des Ausdruckes (18)
für $n' = n = 1$ und für $n = 2$, $n' = 0$, so ergibt sich unter
Beibehaltung auch des zweiten Korrektionsgliedes

$$\varDelta \nu = \frac{W_{1,0} - W_{2,0}}{h} = \frac{N \alpha B}{2^4} \left(\frac{E}{e}\right)^4 \left\{1 + \alpha D \left(\frac{E}{e}\right)^2\right\}.$$

Die Feinstruktur der Wasserstoff- etc. Linien.   495

Der hier eingeführte Koeffizient D ergibt sich nach (19) zu

$$(32) \qquad D = \frac{C_{11} - C_{20}}{4\,B} = 10.$$

Tragen wir die Werte für $\Delta \nu_H$ und $\dfrac{E}{c} = Z - 1$ ein, so folgt nunmehr

$$\Delta \nu = \Delta \nu_H (Z - 1)^4 \{ 1 + \alpha (Z - 1)^2\, D \}.$$

An der oberen Grenze unseres Gebietes, $Z = 79$, ist die Korrektion $\alpha (Z - 1)^2$ keineswegs mehr zu vernachlässigen; sie beträgt nämlich:

$$\alpha (Z - 1)^2 = 13.10^{-6} \cdot 78^2 = 8.10^{-2}.$$

Mit dem berechneten Werte $D = 10$ würde sich hiernach sogar ein wesentlich stärkerer Gang der Kurve in Fig. 3 ergeben, als er aus den Beobachtungen folgt. Die Beobachtungen geben nämlich eine Vergrößerung der Werte bei großen Z gegenüber denen bei kleinem Z nicht um $80\,\%$, sondern nur etwa um $30\,\%$.

Nach den Zweifeln, die sich am Ende von § 4 gegen die absoluten Zahlenwerte von A, B und C erhoben, wäre es möglich, daß der Wert $D = 10$ zu groß ist. Wir begnügen uns daher mit der qualitativen Feststellung, daß der Gang der Fig. 3 im Sinne eines positiven Wertes von D liegt, wie ihn unsere Theorie verlangt.

b) Eine andere Unsicherheit liegt in dem Faktor $(Z-1)^2$ der Moseleyschen Formel (27) und der daraus abgeleiteten Formeln (29). Im Sinne des Kombinationsprinzips und der allgemeinen Seriengesetze steht es nämlich frei, den fraglichen Faktor für beide Terme von K_α verschieden anzusetzen und dementsprechend (27) und (29) folgendermaßen abzuändern:

$$(27') \qquad \nu = N\left(\frac{(Z-k)^2}{1^2} - \frac{(Z-l)^2}{2^2} \right) \ldots K_\alpha$$

$$(29') \qquad \begin{cases} \nu = N\left(\dfrac{(Z-k)^2}{1^2} - M \right) \ldots K_\beta \\[2ex] \nu = N\left(\dfrac{(Z-l)^2}{2^2} - M \right) \ldots L_\alpha. \end{cases}$$

496   A. Sommerfeld

Hier weist der Buchstabe k auf „Grenze der K-Serie“,
der Buchstabe l auf „Grenze der L-Serie“ hin. Während die
Exaktheit der Faktoren $\frac{1}{1^2}$ und $\frac{1}{2^2}$ durch den Nachweis der
K- und L-Dubletts im Sinne unserer Theorie aufs sicherste
gestützt wird, sagt unsere Theorie über die jeweils wirksamen
Kernladungen, d. h. die Faktoren $(Z-k)^2$ und $(Z-l)^2$ nichts
aus. Eine Abänderung der Zahlen k und l gegen 1 wird ersichtlich neben der großen Zahl Z die Darstellung der Schwingungszahlen ν nur verhältnismäßig wenig beeinflussen. Übrigens ist
in jedem Falle bei den Gl. (27) und (29) noch die Relativitäts-
Korrektion für die Kreisbahnen hinzuzufügen, d. h. unser mit
dem Koeffizienten A behaftetes Glied in Gl. (18), welches bei
großen Werten von $Z-k$ und $Z-l$ keineswegs zu vernachlässigen ist. Auch aus diesem Grunde ist z. B. die Moseleysche
Formel für K_α noch nicht als definitiv anzusehen.

Ist nun in dem L-Term tatsächlich $Z-1$ in $Z-l$ abzuändern, so ist auch Gl. (31) abzuändern in

$$(31')\qquad\qquad \Delta\nu = (Z-l)^4\, \Delta\nu_H.$$

Wir hätten dann, um in Fig. 3 konstante Ordinaten zu
erhalten, nicht, wie wir es taten, $\dfrac{\Delta\nu}{(Z-1)^4}$, sondern $\dfrac{\Delta\nu}{(Z-l)^4}$
auftragen müssen. Unsere Darstellung in Fig. 3 muß daher
auch aus diesem Grunde einen kleinen Gang zeigen (klein, da
die jedenfalls mäßige Zahl l neben der großen Zahl Z steht).
Übrigens bemerke man, daß die Relativitäts-Korrektion, auf
deren Notwendigkeit bei der Darstellung der ν soeben hingewiesen wurde, für die $\Delta\nu$ durch Differenzbildung herausfällt.
Die Feinstruktur der K- und L-Linien gestattet daher, die
Natur des L-Terms unmittelbarer und einfacher zu prüfen, als
es die durch die Relativitäts-Korrektion komplizierte Lage der
K- und L-Linien selbst ermöglicht.

c) Schließlich ist noch bei den L-Dubletts auf den möglichen Einfluß des negativen zweiten Terms (des Gliedes M
in (29)) hinzuweisen. Wenn dieser Term, wie es wahrschein-

Die Feinstruktur der Wasserstoff- etc. Linien.   497

lich ist, den Charakter $\frac{1}{3^2}$ hat und daher, für sich betrachtet,

zu Tripletts Anlaß gibt, so würde für das Dublett $(L_\alpha,\ L_\beta)$ genau dasselbe zutreffen wie für die Wasserstoff-Linie H_α; wir können uns daher, vom Maßstabe abgesehen, direkt auf Fig. 2 beziehen. Aus dieser Figur geht hervor, einmal, daß L_α und L_β von Satelliten auf der weicheren Seite begleitet sein sollen (bei Pt-Aufnahmen von E. Wagner sind solche in der Tat vorhanden), sodann aber, daß der gemessene Abstand der Hauptlinie L_α und der Hauptlinie L_β nicht genau gleich sein soll dem theoretischen Dublett, welches wir aus dem ersten Term vom Charakter $\frac{1}{2^2}$ errechneten, sondern etwas kleiner ausfallen müßte, nämlich, um den Abstand der beiden ersten Linien des Tripletts, welches zu dem zweiten Term $\frac{1}{3^2}$ gehört. Um also das gemessene L-Dublett auf den theoretischen Wert (31) von $\varDelta\nu$ zu korrigieren, der dem ersten Term allein entspricht, hätten wir die Beobachtungswerte des L-Dubletts um einen gewissen Bruchteil ihres ganzen Wertes zu vergrößern. Dadurch würde die ganze Kurve der Fig. 3 ein wenig gehoben und die durchschnittliche Übereinstimmung ihres Verlaufes mit $\varDelta\nu_H = 0{,}31$ noch verbessert werden. Dagegen würde bei den K-Dubletts eine entsprechende Korrektion nicht anzubringen sein, weil der erste Term von K_α einfach ist und deshalb das aus dem zweiten Term berechnete Dublett in der Beobachtung der K-Serie rein zum Ausdruck kommt.

Die Verhältnisse liegen bei der K- und L-Serie genau so, wie bei der Hauptserie und II. Nebenserie einerseits, der I. Nebenserie andrerseits der im vorigen Paragraphen besprochenen Lithium-Dubletts. Da der erste Term der Hauptserie und der zweite der II. Nebenserie einfach ist, ergaben sich bei diesen Serien Dubletts von strenge konstanter Schwingungsdifferenz. Dagegen ergab die Beobachtung in der I. Nebenserie ein merklich niedrigeres $\varDelta\nu$, welches wir im Anschluß an Fig. 1 auf die Multiplizität des zweiten Terms dieser Serie

*

498   A. Sommerfeld

schoben. Überhaupt besteht eine durchgehende Anologie zwischen der K-Serie der X-Strahlung und den Hauptserien des sichtbaren Lichtes, sowie zwischen der L-Serie der X-Strahlung und der sichtbaren I. Nebenserie. —

Offenbar spielt der Vergrößerungsfaktor $(Z-1)^4$ (resp. allgemeiner $(Z-l)^4$) bezüglich der Beobachtbarkeit der K- und L-Dubletts ganz dieselbe Rolle wie der für das Funkenspektrum charakteristische Faktor $2^4 = 16$ bei den Paschen'schen Beobachtungen der He-Tripletts. So wie diese Tripletts und die von uns vermuteten anologen Quartetts gegenüber den entsprechenden Erscheinungen beim Wasserstoff versechszehnfacht erscheinen und dadurch der genauen Messung zugänglich werden, erscheint im Gebiete der Röntgen-Strahlung das minutiöse Wasserstoff-Dublett durch den Faktor $(Z-1)^4$, der bei den schweren Elementen von der Ordnung 10^6 wird, makroskopisch vervielfacht; es ist daher in diesem Gebiete, trotz seiner einstweilen noch wenig ausgebildeten Meßtechnik, viel genauer möglich, die zweifache Natur der Quantenbahnen des Terms $\frac{1}{2^2}$ festzustellen, als bei der direkten Beobachtung der Wasserstoff-Dubletts. Man könnte geradezu sagen, daß man den genauesten Wert für das Wasserstoff-Dublett erhält durch Messung der Schwingungsdifferenz von L_β und L_α bei Platin oder Gold.

Nachschrift bei der Korrektur, 10. Februar 1916.

1. Die inzwischen von Hrn. Planck veröffentlichte Strukturtheorie des Phasenraumes (D. physik. Gesellschaft, 1915, pag. 407 und 438) deckt sich in ihrer Anwendung auf das Coulombsche Gesetz (Berliner Akademie, 16. Dezember 1915) vollständig mit meiner die Phasenintegrale betreffenden Forderung. Man überzeugt sich davon am direktesten, wenn man die Formeln (18) für große Achse und Parameter der quantentheoretisch ausgezeichneten Ellipsen bei Planck (Berl. Akad.) vergleicht mit meinen Formeln (21) für die große und kleine Achse derselben

oder mit den Fig. 3, 4, 5 in der Abh. I. Die Auffassung der
Balmerschen Serie dagegen ist bei Planck und mir grundsätzlich
verschieden; soviel ich sehe, kann die Plancksche Auffassung
keine Rechenschaft geben von den Multiplizitäten der Spektrallinien, im Besonderen nicht von den Wasserstoff-Dubletts.

2. Die mehrfach betonte Unstimmigkeit in der absoluten
Größe des Wasserstoff-Dubletts läßt sich dadurch beseitigen,
daß man die Phasenintegrale in II, § 3 nicht von 0 bis $\dfrac{2\,\pi}{\gamma}$
erstreckt, sondern, ebenso wie bei nicht-relativistischer Rechnung und scheinbar ohne Rücksicht auf die Perihelbewegung
der Kepler-Ellipse, von 0 bis $2\,\pi$. Dann ergibt sich an Stelle
von (12) und (13):

$$p = \frac{n\,h}{2\,\pi}, \quad 1 - \varepsilon^2 = \frac{n^2\,\gamma^2}{(n' + n\,\gamma)^2}$$

und an Stelle der Zahlenwerte in (19) und (32)

$$A = 1, \; B = 4, \; C = 2 + 12\,\frac{n'}{n} + 24\left(\frac{n'}{n}\right)^2 + 4\left(\frac{n'}{n}\right)^3, \; D = \frac{5}{2}.$$

Der Wert $B = 4$ stimmt mit dem im Anfang von § 6
aus den besten Messungen abgeleiteten Werte $B = 3,6$ überein; der Unterschied von $10\,\%$ entspricht dabei genau dem
Umstande, daß ebenso wie Li (§ 7) oder wie in der L-Serie
(§ 8) die Dublettgröße bei H_a um $10\,\%$ zu klein gemessen
wird gegenüber dem idealen Grenzwert dieses Dubletts in den
höheren Seriengliedern. Andererseits stimmt der Wert $A = 1$
überein mit derjenigen Relativitätskorrektion, die unmittelbar
aus den Kreisbahnen berechnet wurde (Schluß von § 4), und
beseitigt daher die störende Diskontinuität beim Übergange
von den Ellipsenbahnen mit kleiner Exzentrizität zu der Kreisbahn. Endlich erklärt der gegen früher viermal kleinere Wert
von D auch im Wesentlichen quantitativ den Gang der Kurve in
Fig. 3. Die Hebung der Kurve bei großen Z beträgt nämlich
jetzt nicht mehr $80\,\%$, sondern nur $20\,\%$ (nach den Beobachtungen waren es $30\,\%$). Unser abgeänderter Quantenansatz

500   A. Sommerfeld, Die Feinstruktur der Wasserstoff- etc. Linien.

behebt also alle zahlenmäßigen Unvollkommenheiten unserer
Theorie, ohne die allgemeinen Folgerungen zu beeinträchtigen.
Der neue Ansatz läßt sich auch sehr schön verstehen: als
Quantenansatz vom Standpunkte eines mit der Perihelbewegung
mitrotierenden Koordinatensystems, durch dessen Einführung
das Problem der Quantenverteilung im relativistischen Falle
reduziert wird auf dasjenige im nicht-relativistischen Falle
unserer Abhandlung I, so daß jede Willkür oder Unsicherheit
im Ansatze behoben ist.

Glossar

Aphel Ort der größten Entfernung vom Zentralkörper bei der →Keplerbewegung.

Balmer-Serie Spektrallinien des Wasserstoffs, die dem Seriengesetz $v = N\left(\frac{1}{n^2} - \frac{1}{m^2}\right)$ mit $n = 2$ und $m = 3, 4, 5 \ldots$ genügen. v ist die Frequenz einer Spektrallinie, N die →Rydberg-Konstante. Die Spektrallinien zu $m = 3, 4, 5 \ldots$ werden als $H_\alpha, H_\beta, H_\gamma \ldots$ bezeichnet und liegen bis $m = 8$ (H_ζ) im sichtbaren Bereich des Spektrums elektromagnetischer Wellen.

Bogenspektrum Das Flammen- bzw. Bogenspektrum eines chemischen Elements erhält man bei schwacher (thermischer bzw. elektrischer) Anregung. Es zeigt die Spektrallinien der neutralen Atome des jeweiligen Elements. Bei stärkerer Anregung (durch Entladen eines Kondensators) erhält man ein →Funkenspektrum, das im Gegensatz zum Flammen- bzw. Bogenspektrum die Spektrallinien der ionisierten Atome zeigt.

Bohrscher Ansatz Sommerfeld bezeichnet damit den Quantenansatz $hv = W_m - W_n$ wonach sich die Frequenz einer Spektrallinie aus der Energiedifferenz des Übergangs eines Elektrons aus der ursprünglichen Bahn mit der Quantenzahl m in die spätere Bahn n ergibt. Dieser Quantenansatz ist zu unterscheiden von der Quantisierungsbedingung für den Drehimpuls des Elektrons, mit der im Bohrschen Atommodell die stationären Elektronenbahnen festgelegt werden.

Exzentrizität Sommerfeld legt seiner Berechnung der →Keplerbewegung die numerische Exzentrizität $\epsilon = \frac{e}{a}$ einer Ellipse (e = Abstand des Brennpunkts vom Mittelpunkt; a = große Halbachse) zugrunde; die Kreisbewegung entspricht dem Grenzfall $\epsilon = 0$.

Feinstruktur Damit wird die Aufspaltung der Spektrallinien bezeichnet, die bei relativistischer Berechnung der →Keplerbewegung entsteht. Bei nicht-relativistischer Berechnung sind die Terme nur von der Summe zweier Quantenzahlen abhängig, bei relativistischer Berechnung von jeder Quantenzahl einzeln. Der Balmersche Serienterm zu $n + n' = 2$ wird zum Beispiel aufgespalten in zwei getrennte Terme zu $n = 1, n' = 1$ und $n = 2, n' = 0$ (die dritte Möglichkeit $n = 0, n' = 2$ schließt Sommerfeld aus, da bei $n = 0$ die →Keplerbewegung zu einer linearen Hin- und Herbewegung entartet, bei der sich das Elektron durch den Atomkern hindurch bewegen würde).

Flächenkonstante Darin wird die Drehimpulserhaltung bei der →Keplerbewegung zum Ausdruck gebracht. Die Flächenkonstante p ist im →Phasenintegral für die Azimutalbewegung die zur Koordinate $q = \varphi$ gehörige Impulskoordinate: $\int p\, dq = p \int_0^{2\pi} d\varphi = 2\pi p = nh$.

A. Sommerfeld, *Die Bohr-Sommerfeldsche Atomtheorie*, Klassische Texte der Wissenschaft, 143
DOI 10.1007/978-3-642-35115-0, © Springer-Verlag Berlin Heidelberg 2013

Funkenspektrum Spektrum der bei der Anregung durch eine Funkenentladung erzeugten ionisierten Atome der in der Entladung enthaltenen Substanz. Die Spektrallinien neutraler Atome erhält man bei schwächerer Anregung im Flammen- und →Bogenspektrum.

Impulsmoment Damit wird heute der Drehimpuls bezeichnet.

Intensität Sommerfeld ordnete die Intensität der Spektrallinien nach der Exzentrizität der Bahnen, zwischen denen die Elektronenübergänge stattfinden. „Wir werden annehmen, dass immer die Kreisbahn die wahrscheinlichste und dass jeweils die Ellipsenbahn um so unwahrscheinlicher ist, je größer ihre Exzentrizität wird. [...] Unsere Annahme über die Intensitäten ist eine naheliegende Zusatzhypothese und wird durch die Tatsachen durchweg bestätigt; mit unserer Theorie, die nur von der Lage der Linien spricht, steht sie naturgemäß in keinem notwendigen Zusammenhange." (A2, S. 473) Im Verlauf der weiteren Entwicklung der Quantentheorie wurde die Intensität der Spektrallinien mithilfe des Bohrschen Korrespondenzprinzips erklärt. Erst die Mitte der 1920er Jahre entwickelte Quantenmechanik ermöglichte die Berechnung der Intensität eines Übergangs zwischen verschiedenen Zuständen ohne Zusatzannahmen.

Keplerbewegung Die Bewegung eines Massenpunktes bzw. einer Punktladung unter dem Einfluss der Schwerkraft bzw. der Coulombkraft eines Zentralkörpers.

Kombinationsprinzip Damit wird angenommen, dass jede Spektrallinie aus der Differenz von zwei Termen berechnet werden kann. Es wurde erstmals im Jahr 1908 von Walter Ritz formuliert und fand auch im →Bohrschen Ansatz $h\nu = W_m - W_n$ einen Ausdruck.

K- und L-Serie Die Atome schwerer Elemente können „charakteristische Röntgenstrahlen" emittieren, wenn ein Elektron aus dem Atominneren entfernt und die Lücke durch ein äußeres Elektron gefüllt wird. Charles Glover Barkla hatte zwei Reihen von charakteristischen Röntgenstrahlen unterschieden, die er als K- und L-Serie bezeichnete. Henry Moseley gab für die K-Serie eine empirische Formel an, die einen Zusammenhang mit dem Bohrschen Atommodell nahelegte und Walter Kossel anregte, darin Übergänge in einen innersten K- bzw. den darauf folgenden L-Ring zu sehen. Sommerfeld sah darin die Gelegenheit, die relativistische Feinstrukturaufspaltung der Terme im Wasserstoffatom auf die Elektronenringe zu übertragen und entsprechende K- und L-Dubletts zu postulieren (A2, S. 493).

Liouvillescher Satz Konservative Systeme, bei denen die zeitliche Änderung der Lage- und Impulskoordinaten (q, p) durch die Hamiltonschen Bewegungsgleichungen gegeben ist, lassen sich durch Trajektorien in dem von (q, p) aufgespannten Phasenraum beschreiben. Gleichgroße Elemente zwischen benachbarten Trajektorien sind gleich wahrscheinlich, „insofern und weil sie zeitlich ineinander übergeführt werden" (A1, S. 427). Dieser 1911 von Planck für die Ableitung der Formel für die Hohlraumstrahlung benutzte Satz aus der statistischen Mechanik diente auch Sommerfeld als Rechtfertigung für die Quantisierung der →Phasenintegrale.

Paschen-Back-Effekt Bei der Aufspaltung von Spektrallinien im Magnetfeld (→Zeeman-Effekt) unterscheidet man normale (Triplet-) und anomale Aufspaltungen. 1912 entdeckten Friedrich Paschen und Ernst Back, dass bei sehr starken Magnetfeldern die anomalen Zeeman-Aufspaltungen in die normale Triplet-Aufspaltung übergehen. Die Ursache dafür wurde erst in den 1920er Jahren gefunden (Entkopplung der Spin- und Bahndreh-impulse).

Perihel Ort der kürzesten Entfernung vom Zentralkörper bei der →Keplerbewegung.

Phasenintegral Sommerfeld bezog sich bei seinem Quantenansatz auf die Lage- (q) und Impulskoordinaten (p) eines Elektrons bei der →Keplerbewegung. Bewegungen in verschiedenen Bahnen um den Atomkern führen zu verschiedenen „Bildkurven" in der qp-Ebene. „Innerhalb der unendlichen Schar unserer Bildkurven", so begann Sommerfeld die Quantisierung, „zeichnen wir nun eine diskrete Menge aus durch die Forderung, daß die Fläche zwischen der $n-1$-ten und der n-ten dieser Kurven gleich h sein soll." Daraus folgerte er $\int p_n dq = nh$. „Die links stehende Größe nennen wir das Phasenintegral." (A1, S. 429)

Pickering-Serie Spektralserie des ionisierten Heliums mit der Serienformel $\nu = 4N\left(\frac{1}{n^2} - \frac{1}{m^2}\right)$ mit $n = 4$ und $m = 5, 6, \ldots$. Einige Linien dieser Serie liegen in nächster Nähe von Linien der Balmer-Serie des Wasserstoffs, was zu fälschlichen Zuordnungen führte und erst durch die Bohrsche Theorie geklärt wurde.

Rydberg-Konstante Die zuerst empirisch als Vorfaktor in der Balmerformel gefundene Konstante wurde von Bohr bestimmt als $N = \frac{2\pi^2 m e^4}{h^3}$.

Spektralserien Die Spektren der Atome weisen regelmäßige Linienfolgen (Serien) auf. Jede Serie läßt sich als Differenz eines festen und eines variablen Terms darstellen. Zum Beispiel ist bei der Balmer-Serie der feste Term durch $\frac{1}{2^2}$ und der variable Term durch $\frac{1}{m^2}$ mit $m = 3, 4, \ldots$ charakterisiert. Das allgemeine Seriengesetz, das bei der Erweiterung auf zwei Quantenzahlen pro Serienterm gelten sollte, besaß nach Sommerfeld die Form $\frac{\nu}{N} = f_{n'}(n) - f_{m'}(m)$. Bevor die Serien theoretisch gedeutet werden konnten, wurden sie empirisch als Haupt- und Nebenserien (I. und II. Nebenserie) klassifiziert und mit den Buchstaben p (prinzipal), d (diffus) und s (scharf) gekennzeichnet (A1, S. 452). Die Interpretation verschiedener Serien als Folge verschiedener Werte des Bahndrehimpulses (s, p, d, …) gelang erst in den 1920er Jahren. Bei der Hauptserie handelt es sich um Übergänge aus p-Zuständen unterschiedlicher Hauptquantenzahl n in den niedrigsten s-Zustand, bei der I. Nebenserie um Übergänge aus s-Zuständen in den niedrigsten p-Zustand, und bei der II. Nebenserie um Übergänge aus d-Zuständen in den niedrigsten p-Zustand.

Starkeffekt Für die 1913 von Johannes Stark entdeckte Aufspaltung der Spektrallinien im elektrischen Feld gab es keine klassische Erklärung wie beim (normalen) →Zeemaneffekt. Sommerfeld hatte seine bereits im Wintersemester 1914/15 in seiner Vorlesung über Spektrallinien ausgearbeiteten Überlegungen über die Erweiterung des Bohrschen Atommodells nicht veröffentlicht, weil es ihm zu diesem Zeitpunkt noch nicht gelungen war, sie „für die Auffassung des Starkeffektes fruchtbar zu machen" (A1, S. 426). Dies gelang erst seinem Schüler Paul Epstein und dem Astronomen Karl Schwarzschild, indem sie die Bewegung in einem Zentralfeld, das von einem homogenen Feld überlagert wird, mit dem Hamilton-Jacobi-Formalismus beschrieben. Die Sommerfeldschen →Phasenintegrale traten dabei als Wirkungsvariable in Erscheinung [Epstein, 1916, Schwarzschild, 1916].

Zeemaneffekt Die Aufspaltung von Spektrallinien in einem Magnetfeld wurde 1896 von Pieter Zeeman experimentell nachgewiesen und 1899 von Hendrik Antoon Lorentz erklärt, wobei die Aufspaltung als Einwirkung des Magnetfeldes auf ein quasi-elastisch an den Atomkern gebundenes Elektron beschrieben wurde. Diese Erklärung führte zu einer unverschobenen Spektrallinie mit der Grundfrequenz der Elektronenschwingung und je einer links und rechts davon angeordneten Linie; der Abstand der verschobenen Linien von der unverschobenen Linie entsprach der durch das Magnetfeld verursachten Frequenz der Larmorpräzession eines um den Atomkern mit der Grundfrequenz kreisenden Elektrons. Die Mehrzahl der Atome zeigte jedoch nicht diesen (normalen) Zeemaneffekt, sondern komplexere Aufspaltungen. Die Erklärung des anomalen Zeemaneffekts gelang erst in den 1920er Jahren. Die Versuche Sommerfelds und Debyes, den Zeemaneffekts im Rahmen des Bohrschen Atommodells zu erklären, führten nur zu einer quantentheoretischen Erklärung des normalen Zeemaneffekts [Debye, 1916, Sommerfeld, 1916c].

Literaturverzeichnis

[Benz, 1975] Benz, U. (1975). *Arnold Sommerfeld. Lehrer und Forscher an der Schwelle zum Atomzeitalter 1868-1951, Große Naturforscher, Bd. 28.* Wissenschaftliche Verlagsgesellschaft, Stuttgart.

[Biedenharn, 1983] Biedenharn, L. C. (1983). The "Sommerfeld Puzzle" Revisited and Resolved. *Foundations of Physics, Vol. 13, No. 1, 1983*, 13:1:13–34.

[Bohr, 1913a] Bohr, N. (1913a). On the Constitution of Atoms and Molecules. *Philosophical Magazine*, 26:1–25.

[Bohr, 1913b] Bohr, N. (1913b). On the Constitution of Atoms and Molecules. Part II. Systems Containing Only a Single Nucleus. *Philosophical Magazine*, 26:476–502.

[Bohr, 1913c] Bohr, N. (1913c). On the Constitution of Atoms and Molecules. Part III. Systems Containing Several Nuclei. *Philosophical Magazine*, 26:857–875.

[Bohr, 1914] Bohr, N. (1914). On the Effect of Electric and Magnetic Fields on Spectral Lines. *Philosophical Magazine*, 27:506–524.

[Bohr, 1915] Bohr, N. (1915). On the Series Spectrum of Hydrogen and the Structure of the Atom. *Philosophical Magazine*, 29:332–335.

[Darrigol, 1992] Darrigol, O. (1992). *From c-Numbers to q-Numbers: The Classical Analogy in the History of Quantum Theory.* University of California Press, Berkeley.

[Debye, 1915] Debye, P. (1915). Die Konstitution des Wasserstoffmoleküls. *Sitzungsberichte der mathematisch-physikalischen Klasse der Bayerischen Akademie der Wissenschaften zu München*, S. 1–26.

[Debye, 1916] Debye, P. (1916). Quantenhypothese und Zeeman-Effekt. *Nachrichten von der Königl. Gesellschaft der Wissenschaften zu Göttingen. Mathematisch-physikalische Klasse*, S. 142–153.

[Debye und Sommerfeld, 1913] Debye, P. und Sommerfeld, A. (1913). Theorie des lichtelektrischen Effektes vom Standpunkt des Wirkungsquantums. *Annalen der Physik*, 41:873–930.

[Eckert, 1993] Eckert, M. (1993). *Die Atomphysiker. Eine Geschichte der theoretischen Physik am Beispiel der Sommerfeldschule.* Vieweg, Braunschweig.

[Eckert, 1995] Eckert, M. (1995). Sommerfeld und die Anfänge der Atomtheorie. *Physik in unserer Zeit*, 26:21–28.

[Eckert, 1999] Eckert, M. (1999). Mathematics, Experiments, and Theoretical Physics: The Early Days of the Sommerfeld School. *Physics in Perspective*, 1:238–252.

[Eckert, 2010] Eckert, M. (2010). Plancks Spätwerk zur Quantentheorie. *Dieter Hoffmann (Hrsg.): Max Planck und die moderne Physik. Berlin, Heidelberg: Springer*, S. 119–134.

[Eckert, 2012] Eckert, M. (2012). Disputed discovery: the beginnings of X-ray diffraction in crystals in 1912 and its repercussions. *Acta Crystallographica Section A*, 68(1):30–39.

[Eckert, 2013] Eckert, M. (2013). *Arnold Sommerfeld: Atomtheoretiker und Kulturbote 1868-1951. Eine Biografie*. Wallstein.

[Eckert et al., 1992] Eckert, M., Schubert, H., and Torkar, G. (1992). The Roots of Solid State Physics Before Quantum Mechanics. *Lillian Hoddeson, Ernest Braun, Spencer Weart and J. Teichmann (eds.): Out of the Crystal Maze. Chapters from the History of Solid-State-Physics. New York/Oxford: Oxford University Press*, S. 3–87.

[Epstein, 1916] Epstein, P. S. (1916). Zur Theorie des Starkeffekts. *Physikalische Zeitschrift*, 17:148–150.

[Feynman, 1990] Feynman, R. P. (1990). *QED. Die seltsame Theorie des Lichts und der Materie*. Piper.

[Forman, 1969] Forman, P. (1969). The Discovery of the Diffraction of X-Rays by Crystals; A Critique of the Myths. *Archive for History of Exact Sciences*, 6:38–71.

[Heilbron, 1966] Heilbron, J. L. (1966). The Work of H. G. J. Moseley. *Isis*, 57:336–364.

[Heilbron, 1967] Heilbron, J. L. (1967). The Kossel-Sommerfeld Theory and the Ring Atom. *Isis*, 58:451–485.

[Heilbron and Kuhn, 1969] Heilbron, J. L. and Kuhn, T. S. (1969). The Genesis of the Bohr Atom. *Historical Studies in the Physical Sciences*, 1:211–290.

[Heisenberg, 1968] Heisenberg, W. (1968). Ausstrahlung von Sommerfelds Werk in die Gegenwart. *Physikalische Blätter*, 24:530–537.

[Hermann, 1965] Hermann, A. (1965). Die Entdeckung des Stark-Effektes. *Dokumente der Naturwissenschaft. Abteilung Physik*, 6:7–16.

[Hermann, 1967] Hermann, A. (1967). Die frühe Diskussion zwischen Stark und Sommerfeld über die Quantenhypothese (1). *Centaurus*, 12:38–59.

[Hermann, 1969] Hermann, A. (1969). *Frühgeschichte der Quantentheorie*. Physik-Verlag, Mosbach, Baden.

[Hoyer, 1981] Hoyer, U. (1981). Introduction. *In: NBCW 2*, S. 103–134.

[Ishiwara, 1915] Ishiwara, J. (1915). Die universelle Bedeutung des Wirkungsquantums. *Proceedings of the Tokyo Mathematical-Physical Society*, 8:106–116.

[Jammer, 1966] Jammer, M. (1966). *The conceptual development of quantum mechanics / Max Jammer*. History of modern physics, 1800-1950 ; v. 12. Tomash Publishers; American Institute of Physics, [Los Angeles, Calif.] : [Woodbury, N.Y.] :, reprint 1989 edition.

[Jenkin, 2001] Jenkin, J. (2001). A Unique Partnership: William and Lawrence Bragg and the 1915 Nobel Prize in Physics. *Minerva*, 39:373–392.

[Keppeler, 2004] Keppeler, S. (2004). Die „alte" Quantentheorie, Spinpräzession und geometrische Phasen. Eine geometrische Phase rettete Sommerfelds Theorie der Feinstruktur. *Physik Journal*, 3:4:45–49.

[Kragh, 1985] Kragh, H. (1985). The fine structure of hydrogen and the gross structure of the physics community, 1916-26. *Historical Studies in the Physical Sciences*, 15:67–125.

[Kragh, 2003] Kragh, H. (2003). Magic Number: A Partial History of the Fine-Structure Constant. *Archive for History of Exact Sciences*, 57:395–431.

[Kragh, 2012] Kragh, H. (2012). *Niels Bohr and the Quantum Atom: The Bohr Model of Atomic Structure 1913-1925*. Oxford University Press, Oxford.

[Kuhn, 1978] Kuhn, T. S. (1978). *Black-Body Theory and the Quantum Discontinuity, 1894-1912*. Clarendon Press, Oxford.

[Landé, 1914] Landé, A. (1914). *Zur Methode der Eigenschwingungen der Quantentheorie*. Göttingen. München, phil. Diss. v. 29. Mai 1914.

[Mehra, 1975] Mehra, J. (1975). *The Solvay Conferences on Physics. Aspects of the development of physics since 1911*. Reidel Publishing, Dordrecht.

[Mehra and Rechenberg, 1982] Mehra, J. and Rechenberg, H. (1982). *The historical development of quantum theory*. Springer-Verlag, New York.

[Moseley, 1913] Moseley, H. (1913). The High-Frequency Spectra of the Elements. *Philosophical Magazine*, 26:1024–1034.

[Moseley, 1914] Moseley, H. (1914). The High-Frequency Spectra of the Elements. Part II. *Philosophical Magazine*, 27:703–713.

[Nakane, 2012] Nakane, M. (2012). An origin of action-angle variables: From celestial mechanics to the quantum theory. Working Paper.

[Nisio, 1973] Nisio, S. (1973). The Formation of the Sommerfeld Quantum Theory of 1916. *Japanese Studies in the History of Science*, 12:39–78.

[Nisio, 2000] Nisio, S. (2000). Ishiwara Jun's quantum theory, 1911-1915. *Historia Scientiarum*, 10:120–129.

[Paschen, 1916] Paschen, F. (1916). Bohrs Heliumlinien. *Annalen der Physik*, 50:901–940.

[Pauli, 1948] Pauli, W. (1948). Sommerfelds Beiträge zur Quantentheorie. *Die Naturwissenschaften*, 35:129–132.

[Planck, 1914] Planck, M. (1914). Die Gesetze der Wärmestrahlung und die Hypothese der elementaren Wirkungsquanten. *Arnold Eucken (Hrsg.): Die Theorie der Strahlung und der Quanten. Verhandlungen auf einer von E. Solvay einberufenen Zusammenkunft (30. Oktober bis 3. November 1911). Halle: Wilhelm Knapp*, S. 77–108.

[Planck, 1915a] Planck, M. (1915a). Bemerkungen über die Emission von Spektrallinien. *Sitzungsberichte der Preußischen Akademie der Wissenschaften zu Berlin*, S. 909–913.

[Planck, 1915b] Planck, M. (1915b). Die Quantenhypothese für Molekeln mit mehreren Freiheitsgraden. 1. Mitteilung. *Verhandlungen der Deutschen Physikalischen Gesellschaft*, 17:407–418.

[Planck, 1915c] Planck, M. (1915c). Die Quantenhypothese für Molekeln mit mehreren Freiheitsgraden. Zweite Mitteilung. *Verhandlungen der Deutschen Physikalischen Gesellschaft*, 17:438–451.

[Planck, 1916] Planck, M. (1916). Die physikalische Struktur des Phasenraumes. *Annalen der Physik*, 50:385–418.

[Rau, 1914] Rau, H. (1914). Über die Lichterregung durch langsame Kathodenstrahlen. *Sitzungsberichte der physikalisch-medicinischen Gesellschaft zu Würzburg*, S. 20–27.

[Robotti, 1986] Robotti, N. (1986). The hydrogen spectroscopy and the old quantum mechanics. *Rivista di Storia della Scienza*, 3:45–102.

[Schwarzschild, 1914a] Schwarzschild, K. (1914a). Bemerkung zur Aufspaltung der Spektrallinien im elektrischen Feld. *Verhandlungen der Deutschen Physikalischen Gesellschaft*, 16:20–24.

[Schwarzschild, 1914b] Schwarzschild, K. (1914b). Über die maximale Aufspaltung beim Zeemaneffekt. *Verhandlungen der Deutschen Physikalischen Gesellschaft*, 16:24–40.

[Schwarzschild, 1916] Schwarzschild, K. (1916). Zur Quantenhypothese. *Sitzungsberichte der Preussischen Akademie der Wissenschaften in Berlin*, S. 548–568.

[Seth, 2010] Seth, S. (2010). *Crafting the Quantum. Arnold Sommerfeld and the Practice of Theory, 1890-1926.* MIT Press, Cambridge, Massachusetts.

[Sommerfeld, 1896] Sommerfeld, A. (1896). Mathematische Theorie der Diffraction. *Mathematische Annalen,* 47:317–374.

[Sommerfeld, 1899] Sommerfeld, A. (1899). Theoretisches über die Beugung der Röntgenstrahlen. (Vorläufige Mitteilung.). *Physikalische Zeitschrift,* 1:105–111.

[Sommerfeld, 1901] Sommerfeld, A. (1901). Theoretisches über die Beugung der Röntgenstrahlen. *Zeitschrift für Mathematik und Physik,* 46:11–97.

[Sommerfeld, 1909] Sommerfeld, A. (1909). Über die Verteilung der Intensität bei der Emission von Röntgenstrahlen. *Physikalische Zeitschrift,* 10:969–976.

[Sommerfeld, 1911a] Sommerfeld, A. (1911a). Das Plancksche Wirkungsquantum und seine allgemeine Bedeutung für die Molekularphysik. *Physikalische Zeitschrift,* 12:1057–1069.

[Sommerfeld, 1911b] Sommerfeld, A. (1911b). Über die Struktur der γ-Strahlen. *Sitzungsberichte der mathematematisch-physikalischen Klasse der K. B. Akademie der Wissenschaften zu München,* S. 1–60. Vorgetragen in der Sitzung am 7. Januar 1911.

[Sommerfeld, 1913] Sommerfeld, A. (1913). Der Zeemaneffekt eines anisotrop gebundenen Elektrons und die Beobachtungen von Paschen-Back. *Annalen der Physik,* 40:748–774.

[Sommerfeld, 1914a] Sommerfeld, A. (1914a). Die Bedeutung des Wirkungsquantums für unperiodische Molekularprozesse in der Physik. *Arnold Eucken (Hrsg.): Die Theorie der Strahlung und der Quanten. Verhandlungen auf einer von E. Solvay einberufenen Zusammenkunft (30. Oktober bis 3. November 1911). Halle: Wilhelm Knapp,* S. 252–317.

[Sommerfeld, 1914b] Sommerfeld, A. (1914b). Probleme der freien Weglänge. *Mathematische Vorlesungen an der Universität Göttingen,* 6:123–166.

[Sommerfeld, 1914c] Sommerfeld, A. (1914c). Zur Voigtschen Theorie des Zeeman-Effektes. *Nachrichten von der Königlichen Gesellschaft der Wissenschaften zu Göttingen. Mathematisch-physikalische Klasse,* S. 207–229. Vorgelegt von W. Voigt in der Sitzung vom 7. März 1914.

[Sommerfeld, 1915] Sommerfeld, A. (1915). Die allgemeine Dispersionsformel nach dem Bohr'schen Modell. *Arbeiten aus den Gebieten der Physik, Mathematik, Chemie (Elster-Geitel-Festschrift),* S. 549–584.

[Sommerfeld, 1916a] Sommerfeld, A. (1916a). Zur Quantentheorie der Spektrallinien. *Annalen der Physik,* 51:1–94, 125–167.

[Sommerfeld, 1916b] Sommerfeld, A. (1916b). Zur Quantentheorie der Spektrallinien. Ergänzungen und Erweiterungen. *Sitzungsberichte der mathematematisch-physikalischen Klasse der K. B. Akademie der Wissenschaften zu München,* S. 131–182.

[Sommerfeld, 1916c] Sommerfeld, A. (1916c). Zur Theorie des Zeemaneffektes der Wasserstofflinien, mit einem Anhang über den Starkeffekt. *Physikalische Zeitschrift,* 17:491–507.

[Sommerfeld, 1916d] Sommerfeld, A. (1916d). Die Quantentheorie der Spektrallinien und die letzte Arbeit von Karl Schwarzschild. *Die Umschau,* 20:941–946.

[Sommerfeld, 1917] Sommerfeld, A. (1917). Die Drude'sche Dispersionstheorie vom Standpunkte des Bohr'schen Modells und die Konstitution von H2, O2 und N2. *Annalen der Physik,* 53:497–550.

[Sommerfeld, 1926] Sommerfeld, A. (1926). Das Institut für theoretische Physik. *Karl Alexander von Müller (ed.): Die wissenschaftlichen Anstalten der Ludwig-Maximilians-Universität zu München. Chronik zur Jahrhundertfeier im Auftrag des akademischen Senats. München: Oldenbourg,* S. 290–292.

[Sommerfeld, 1942] Sommerfeld, A. (1942). Zwanzig Jahre spektroskopischer Theorie in München. *Scientia*, S. 123–130.

[Stark, 1913] Stark, J. (1913). Beobachtungen über den Effekt des elektrischen Feldes auf Spektrallinien. *Sitzungsberichte der Preußischen Akademie der Wissenschaften*, S. 932–946.

[Stark, 1914a] Stark, J. (1914a). Beobachtungen über den Effekt des elektrischen Feldes auf Spektrallinien. *Annalen der Physik*, 43:965–982.

[Stark, 1914b] Stark, J. (1914b). Beobachtungen über den Effekt des elektrischen Feldes auf Spektrallinien. V. Feinzerlegung der Wasserstoffserie. *Nachrichten von der Königlichen Gesellschaft der Wissenschaften zu Göttingen. Mathematisch-physikalische Klasse*, S. 427–444.

[Voigt, 1901] Voigt, W. (1901). Über das elektrische Analogon des Zeemaneffektes. *Annalen der Physik*, 4:197–208.

[Voigt, 1908] Voigt, W. (1908). *Magneto- und Elektrooptik*. Teubner, Leipzig.

[Voigt, 1913a] Voigt, W. (1913a). Die anomalen Zeemaneffekte der Spektrallinien vom D-Typus. *Annalen der Physik*, 42:210–230.

[Voigt, 1913b] Voigt, W. (1913b). Weiteres zum Ausbau der Kopplungstheorie der Zeemaneffekte. *Annalen der Physik*, 41:403–440.

[Voigt, 1913c] Voigt, W. (1913c). Über die anomalen Zeemaneffekte. *Annalen der Physik*, 40:368–380.

[Warburg, 1913] Warburg, E. (1913). Bemerkungen zu der Aufspaltung der Spektrallinien im elektrischen Feld. *Verhandlungen der Deutschen Physikalischen Gesellschaft*, 15:1259–1266.

[Wheaton, 1983] Wheaton, B. (1983). *The Tiger and the Shark: Empirical Roots of Wave-particle Dualism*. Cambridge University Press, Cambridge.

[Wilson, 1915] Wilson, W. (1915). The quantum-theory of radiation and line spectra. *Philosophical Magazine*, 29:795–802.

[Wilson, 1916] Wilson, W. (1916). The quantum of action. *Philosophical Magazine*, 31:156–162.

[Yourgrau and Mandelstam, 1968] Yourgrau, W. and Mandelstam, S. (1968). *Variational Principles in Dynamics and Quantum Theory*. W. B. Saunders Co, Philadelphia, 3rd ed. edition.